数字影像直线提取与匹配方法

王竞雪　王伟玺　著

電子工業出版社
Publishing House of Electronics Industry
北京・BEIJING

内 容 简 介

本书对近年来直线提取及直线匹配方法予以全面总结，对数字影像直线匹配的难点问题进行了分析，并给出一些解决方法，这些方法均为作者近年来的研究成果。本书共分 5 章，第 1 章为绪论，分别对数字影像的直线提取、直线匹配的研究现状进行综述；第 2 章为面向立体影像匹配的直线提取，主要对基于 Freeman 链码、基于 Hough 变换、基于梯度信息的三大类直线提取算法进行介绍，通过采用不同方法对数字影像做直线提取实验，进行综合对比分析；第 3 章分别从几何约束、窗口灰度相关、描述符构建、相似性测度 4 个方面对数字影像直线匹配的基本理论进行介绍；第 4 章介绍了一种单直线特征约束的线阵卫星遥感影像直线匹配；第 5 章为线对特征约束的近景影像、航空影像直线匹配，主要包括提取相交的直线对、线对匹配、匹配结果检核等，通过对近景影像、航空影像进行直线匹配实验，对本章算法及现有的经典直线匹配方法进行综合分析。

本书可作为以数字影像直线匹配为研究方向的硕士生、博士生、专业教师科研的参考用书，也可为计算机视觉领域的科技工作者提供技术参考。

图书在版编目（CIP）数据

数字影像直线提取与匹配方法 / 王竞雪，王伟玺著. —北京：电子工业出版社，2023.5

ISBN 978-7-121-45496-7

Ⅰ. ①数…　Ⅱ. ①王…　②王…　Ⅲ. ①图像处理　Ⅳ. ①TP391.413

中国国家版本馆 CIP 数据核字（2023）第 074446 号

责任编辑：朱雨萌
印　　刷：北京捷迅佳彩印刷有限公司
装　　订：北京捷迅佳彩印刷有限公司
出版发行：电子工业出版社
　　　　　北京市海淀区万寿路 173 信箱　　邮编：100036
开　　本：720×1 000　1/16　印张：11.25　字数：180 千字　彩插：8
版　　次：2023 年 5 月第 1 版
印　　次：2023 年 5 月第 1 次印刷
定　　价：89.00 元

凡所购买电子工业出版社图书有缺损问题，请向购买书店调换。若书店售缺，请与本社发行部联系，联系及邮购电话：（010）88254888，88258888。

质量投诉请发邮件至 zlts@phei.com.cn，盗版侵权举报请发邮件至 dbqq@phei.com.cn。

本书咨询联系方式：zhuyumeng@phei.com.cn。

前 言

“实景三维中国建设”是面向新时期测绘地理信息事业服务经济社会发展和生态文明建设的新定位、新需求，是我国测绘从二维向三维转型升级的必由之路，已经纳入“十四五”自然资源保护和利用规划。随着实景三维中国建设计划的推进，大规模、大范围、高精细的实景三维模型重建成为研究的热点。城市级实景三维建模的主要数据源之一为基于影像匹配而获取的三维模型。

现有的三维模型大都是基于点匹配产生的，由于影像的基本单元就是像素点，因此逐像素点匹配可以覆盖全部影像。然而，点不具备拓扑结构信息，稳定性相对较弱。直线特征作为把握地物整体信息的直观且重要的局部特征，其包含更丰富的地物结构特征，特别是在建筑物等直线特征明显的人造场景中，成为目标描述的重要几何特征。因此，将直线特征作为匹配基元实现可靠匹配，可直接生成建筑物等人工地物的三维线框模型，便于后续拓扑重构及带约束条件的三维模型重建。直线匹配属于影像匹配中的特征匹配，是指通过特定的匹配算法在两幅或者多幅具有重叠区域的影像上识别同名特征直线的过程，从而建立不同影像上同名直线的对应关系。直线匹配是摄影测量与计算机视觉领域的关键技术，在三维模型重建、视觉 SLAM、目标识别与跟踪、视觉导航、古文物保护、生物医学领域都有着十分重要的作用。

本书对立体影像直线匹配的基本理论与方法进行了系统的介绍。主要包括 3 类直线提取算法的基本原理及改进算法、直线匹配过程中的几何约束、描述符构建等基本理论。针对直线匹配过程中的难点问题，如对大视角变化条件下不同影像上用于构建直线描述符的支撑域信息不对等、邻近平行直线错误匹配、匹配结果冲突难以有效检核等问题进行了系统、深入的研究，给出了有效的解决方案。在单直线匹配研究中，提出了一种结合多条件约束的数字影像直线匹配算法，主要涉及核线、同名点、线两侧梯度描述符约束，并将其用于高分辨率线阵遥感影像直线匹配。在组直线匹配研究中，提出了一种线对特征约束的直线匹配及匹配结果检核算法，并将其用于近景影像、航空影像直线匹配。在线对匹配过程中利用自适应窗口搜索可编组直线生成线对，确保所有直线都参与匹配，利用线对交点的核线约束将二维搜索有效降低到一维；在匹配结果检核过程中，引入双层关系矩阵，对匹配结果中包含的线对—线对、单直线—单直线、线对—单直线 3 类对应关系进行记录。在此基础上充分利用匹配冗余和共线约束对匹配结果进行检核，有效地解决匹配结果中“一对多”“多对一”“多对多”复杂对应关系中存在的匹配冲突问题，对其中存在的正确、错误匹配结果进行区分，有效地避免了邻近直线产生的错误匹配。

本书共分 5 章，第 1 章为绪论，分别对数字影像的直线提取、直线匹配的研究现状进行综述；第 2 章为面向立体影像匹配的直线提取，主要对基于 Freeman 链码、基于 Hough 变换、基于梯度信息的三大类直线提取算法进行介绍，通过采用不同方法对数字影像做直线提取实验，进行综合对比分析；第 3 章分别从几何约束、窗口灰度相关、描述符构建、相似性测度 4 个方面对数字影像直线匹配的基本理论进行介绍；第 4 章介绍了一种单直线特征约束的线阵卫星遥感影像直线匹配；第 5 章为线对特征约束的近景影像、航空影像直线匹配，主要包括提取相交的直线对、线对匹配、匹配结果检核等，通过对近景影像、航空影像进行直线匹配实验，对本章算法及现有的经典直线匹配方法进行综合分析。

本书内容是作者承担的国家自然科学基金项目（41871379；41971354）、辽宁省“兴辽英才计划”项目（XLYC2007026）和辽宁省应用基础研究计划项目（2022JH2/101300273）相关工作的总结。参与本书相关工作的还有刘肃艳博士、黑龙江工业学院的张平老师。

限于作者水平，书中难免有不妥之处，敬请各位读者和专家给予批评指正。

著 者

2023 年 1 月

目　录

第 1 章　绪论……………………………………………………1

1.1　直线提取的研究现状……………………………………3

1.2　直线匹配的研究现状……………………………………10

第 2 章　面向立体影像匹配的直线提取……………………15

2.1　基于 Freeman 链码的直线提取……………………………16

2.1.1　Freeman 链码 ……………………………………16

2.1.2　基于链码准则的直线提取 ……………………………18

2.1.3　基于链码的边缘跟踪及直线拟合 ……………………19

2.2　基于 Hough 变换的直线提取 ……………………………24

2.2.1　Hough 变换的原理……………………………………24

2.2.2 Hough 变换用于直线提取存在的问题 ……27
2.2.3 结合边缘编组的 Hough 变换直线提取 ……30
2.3 基于梯度信息的直线提取 ……35
2.3.1 改进分区的相位编组的直线提取 ……36
2.3.2 LSD 直线提取 ……38
2.4 实验结果与分析 ……43
2.4.1 不同直线提取算法对比分析 ……43
2.4.2 不同算法抗噪性分析 ……50
2.5 本章小结 ……52

第 3 章 面向立体影像直线匹配的基本理论 ……53
3.1 匹配约束 ……55
3.1.1 同名点约束 ……55
3.1.2 核线约束 ……59
3.1.3 三角网约束 ……61
3.1.4 单应矩阵约束 ……62
3.2 领域窗口确定 ……64
3.2.1 灰度窗口 ……64
3.2.2 灰度均值 ……67
3.2.3 移动窗口 ……68
3.3 描述符构建 ……70
3.3.1 FMSD、MMSD、GMSD 描述符的构建 ……70
3.3.2 MSLD 描述符的构建 ……73
3.3.3 LBD 描述符的构建 ……76
3.3.4 Daisy 特征描述符的构建 ……78
3.4 相似性测度 ……83
3.5 本章小结 ……85

第 4 章 单直线特征约束的线阵卫星遥感影像直线匹配 …… 87
4.1 几何约束 …… 89
4.1.1 核线约束 …… 89
4.1.2 方位约束 …… 90
4.1.3 同名点约束 …… 91
4.2 描述符相似性约束 …… 93
4.2.1 直线支撑域的构建 …… 93
4.2.2 梯度描述符 …… 94
4.2.3 相似性约束 …… 95
4.3 确定同名直线 …… 96
4.4 实验与分析 …… 97
4.4.1 参数选择 …… 98
4.4.2 不同算法对比分析 …… 101
4.5 本章小结 …… 108

第 5 章 线对特征约束的近景影像、航空影像直线匹配 …… 109
5.1 组提取相交的直线对 …… 112
5.2 线对匹配 …… 115
5.2.1 核线约束 …… 115
5.2.2 单应矩阵约束 …… 116
5.2.3 局部方位约束 …… 117
5.2.4 基于线对的梯度描述符相似性约束 …… 118
5.3 匹配结果检核 …… 122
5.3.1 非“一对一”匹配结果检核 …… 122
5.3.2 “一对一”匹配结果检核 …… 126
5.4 近景影像直线匹配实验与分析 …… 128
5.4.1 实验数据 …… 128
5.4.2 参数选择 …… 130
5.4.3 性能评估 …… 135

5.5 航空影像直线匹配实验与分析 …… 146
5.5.1 实验数据 …… 146
5.5.2 不同算法直线匹配结果对比分析 …… 147
5.6 本章小结 …… 156

参考文献 …… 158

第1章 绪论

全球信息化进程的加快及科技水平的日益提高，促进形成了全球自动化的格局，随之而来的是人工智能技术的蓬勃发展。计算机视觉作为人工智能的“眼睛”，是感知客观世界的核心技术，在人工智能热潮下占据着举足轻重的地位，因而得到了迅猛的发展。计算机视觉是使用计算机及相关设备对生物视觉的一种模拟，它的主要任务就是通过对采集的图片或视频进行处理以获得相应场景的三维信息。特征匹配作为其中一个基础且关键的技术，实现不同影像上相同目标或同名特征之间对应关系的建立，是低层视觉通往高层视觉的纽带，是实现信息识别与整合[1-3]，以及从二维图像中恢复三维信息[4-5]的有效途径，进而实现基于影像的三维重建。

影像匹配是基于影像获取三维信息，进而实现基于影像的三维重建的基础。从影像中提取具有物理意义的显著结构特征，包括特征点、特征线、边缘线，以及具有显著性的形态区域用于影像匹配，属于特征匹配的范畴。特征可以看作整张图像的精简表达，由于特征具有显著性特点，通过对提取的特征结构进行匹配并估算变换函数将图像上其他像素进行对齐，减少了许多不必要的计算，同时能够减少噪声、畸变及其他因素对匹配性能的影响，是目前实现影像匹配的主要形式。鉴于点特征具有简单、稳定的特性，且是其他特征匹配的基础，其他特征匹配均可以转化为基于点特征的匹配来进行，如线的端点、中点或离散化形式，以及形态区域中心等[6-9]，所以基于点特征的影像匹配成为众多科研人员研究的重点，而在基于影像的三维重建中该匹配方式同样适用。但基于特征点的影像匹配，得到的同名点往往是稀疏、分布不均的。为了提高后续三维重建工作中的视觉效果，往往需要在此基础上进一步对特征点的匹配结果进行加密，该过程大多以初始匹配点为基础进行匹配增长及匹配传播，得到准稠密的匹配结果。目前，基于稠密匹配点云构建的三维模型基本上能较好地表达地物的轮廓信息，但放大后地物边缘处细节问题突出，易产生粘连、缺失、变形等问题，尤其对物方建筑物边缘而言，这种问题更突出。而人工地物都蕴含着大量的直线特征，如建筑物边缘、立面等，包含丰富的几何结构信息，能够较好地表达地物的结构特征，如果能将地物的边缘直线特征用于图像分割及约束后续准稠密匹配，就一定能起到较好的优化效果。因此，将直线特征作为匹配基元并实现其可靠匹配是基于影像精细三维建模的基础[10-14]。

1.1 直线提取的研究现状

影像上的特征直线，简称直线（段），也称直线特征，可以看作影像局部区域特征不相同的区域间的分界线，多存在于影像上不同地物或者不同面片之间。影像中的特征直线以规则离散点集的形式存在，直线提取得到的是具有端点的直线段。直线提取是直线匹配的前提。经过多年的研究与发展，诸多学者在直线提取领域取得了丰硕的成果。现有的直线提取算法大体可分为 3 类[15-16]：基于变换域的直线提取方法、基于边缘连接的直线提取方法、基于梯度信息的直线提取方法。

1. 基于变换域的直线提取方法

基于变换域的直线提取方法大多是基于 Hough 变换[17]进行的，该变换被广泛应用于直线提取和边缘检测。Hough 变换利用图像空间和参数空间的点—线对偶性，将图像空间中的直线检测问题转化为参数空间中对点的检测问题，通过在参数空间寻找峰值来完成直线检测。1972 年，Duda 等人[18]通过改变直线表达式对 Hough 变换进行改进并推广使用，该方法利用极坐标直线方程代替笛卡儿坐标系下斜率—截距式的直线方程，解决了参数空间取值范围过大或当直线与 x 轴垂直时斜率不存在的问题，后续将这种方法称为标准 Hough 变换（Standard Hough Transform，SHT）。该方法几何解析简单，抗噪声干扰能力强，具有可处理局部遮挡、覆盖等优点。Hough 变换通过穷举搜索所有可能的直线，将影像空间所有像素点映射到参数空间参与投票获取峰值，该过程属于一种概率事件，这也导致 Hough 变换用于图像直线提取存在许多问题。例如，参数离散化过大或过小都将导致结果不精确；离散点会增大其在参数空间中的影响力，同时累积峰值分布效应会导致虚假直线产生；参数空间有效峰值难以检测；计算复杂度和空间复杂度较高，尤其对于较大影像，运算速度慢。因此，很多学者对 Hough 变换方法进行不断改进，半个世纪以来，形成了数以千计的研究论文和大量应用文献，Mukhopadhyay 等人[19]和 Hassanein 等人[20]对这些研究进行了全面综述。除上述标准 Hough 变换外，多尺度 Hough 变换（Multi-Scale Hough Transform，MSHT）和累计概率 Hough 变换（Progressive Probabilistic Hough Transform，PPHT）[21]也是两种经典的 Hough 变换改进算法。其中，多尺度 Hough 变换为标准 Hough 变换在多尺度下的一种拓展；而累计概率 Hough 变换是标准 Hough 变换算法的一个改进算法，其利用检测直线段所需的投票点比例的差异，减少在投票过程中使用点的比例，以最小化检测直线段的计算量。

一些研究侧重于增强 Hough 变换检测的准确性。Ji 等人[22]在参数空间中定义了一个局部算子来增大真实线段上的点投票产生的峰值点与噪声点参与投票产生的峰值点之间的差异，通过对局部算子效果的分析，得出增强累积器的全局阈值，实现复杂背景图像中的线段检测。2012 年，Tsenoglou 等人[23]提出基于区域加权的 Hough 方法，用于检测建筑物立面直线，该方法利用最小边界矩形来计算各区域对累加器的贡献度，提高了 Hough 变换的准确率。2014 年，王竞雪等人[24]提出结合边缘分组的局部 Hough 变换直线提取方法，该方法对相邻像素聚类得到的边缘像素组逐一进行局部 Hough 变换，通过单峰值确定及迭代 Hough 变换增强了算法的稳健性。2015 年，Xu 等人[25]将局部峰值区域的每一列看作一个随机变量，非零单元的均值和方差被计算，通过对 Hough 空间的投票分布进行统计分析，确定拟合统计方差函数的最小值为角度参数 θ，结合角度和拟合均值函数确定距离参数 ρ，提高了直线提取的可靠性。2017 年，Almazan 等人[26]提出一种马尔可夫链边缘线段检测器（Markov Chain Marginal Line Segment Detector，MCMLSD）算法，该算法融合了图像感知聚类和全局概率 Hough 变换的优点，首先利用全局概率变换检测直线，再使用标准动态规划算法精确计算出概率最优解，准确度优于 LSD（Line Segment Detector）直线提取算法及 EDLines（Edge Drawing Lines）边缘检测算法，但运行效率不高，不适用于实时计算。

此外，还有很多研究致力于降低算法复杂度，提高算法的运行效率。Kiryati 等人[27]通过随机选取影像上小子集边缘点进行 Hough 变换，在检测结果轻微受损的情况下，显著地缩短运行时间。2017 年，Yan 等人[28]针对传统 Hough 变换计算效率低的问题，提出 GPU 并行计算加速 Hough 变换过程，实现直线特征的快速提取。2018 年，刁燕等人[29]提出基于概率的局部 Hough 变换算法，通过对有序边界和无序边界采用不同的处理方式，大大减少了 Hough 变换需要的存储空间，加快了运算速度。针对标准 Hough 变换盲目投票产生的计算消耗，2019 年，Luo 等人[30]提出一种基于方向性编码的快速直线提取方法，该方法设计一个嗅探器来预测直线的方向，对不同方向的像素点采用不同的处理方式，通过设置角度范围，避免无意义的投票，缩短了算法的执行时间。针对 Hough 变换的计算复杂性，Novikov 等人[31]提出一种基于曲率特征的直线提取方法，该方法认为直线是曲率为零的曲线，即曲线函数在轮廓点处的二阶导数为零，基于这一特性可以采用滑动卷积计算每个像素点的二阶导数来确定轮廓点，并用最小二乘法拟合直线。

2．基于边缘连接的直线提取方法

20 世纪 60 年代，Freeman[32]从链码的角度对边缘像素的跟踪和直线提取进行研究，提出 Freeman 八方向链码概念和直线链码准则。顾创等人[33]对直线链码准则进行的验证和补充，为基于链码的直线提取提供了强有力的理论基础。这类方法原理简单易懂、运算量小，适合实时处理和局部直线提取。但是由于直线链码准则过于苛刻，如果严格按照直线链码三原则约束直线链码提取，会产生连续边缘的断裂，因此不同的改进方法相继被提出。这些方法主要可分为两类：一类是在链码跟踪过程中，利用直线链码准则加以约束，在多边缘交叉处结合链码跟踪优先级进行判断[34-37]，这类方法受直线链码准则束缚，抗噪性不强，容易造成直线断裂，后续需要进行直线合并；另一类方法是首先通过传统的链码跟踪提取边缘链码，然后对边缘链码进行分裂拟合，如提取角点[38]或提取直线链码段[39-43]，其中，典型的是BL（Blob-based Line Detection）算法[39]，该算法直接利用链码方向约束从初始链码中提取直线链码，对于两个方向码的情况，需要利用点到直线距离进一步验证，算法较为复杂。孙涵等人[41]在已有链码跟踪结果的基础上，从起点开始对链码串逐段进行直线段相似性判断，这种固定长度逐段判断的方法灵活性较差，不具备自适应能力，易产生断裂直线，从而影响直线提取的效果。除上述不同提取策略外，这类方法的直线提取结果直接受限于初始链码跟踪结果。传统链码跟踪过程中易产生连续边缘的断裂，究其原因，主要有以下3个方面：一是在链码跟踪过程中，将每次扫描到的初始边缘像素点作为链码的起点，如果该点不是边缘的起点，则会导致连续边缘的断裂，得到的短边缘会因其长度小于长度阈值而被删除；二是在链码跟踪过程中没有利用边缘方向加以约束，在多边缘交叉处可能会选择非边缘方向进行跟踪，造成连续边缘的断裂；三是现有方法将跟踪过程中扫描到的点设置为非边缘点，后续不再进行扫描，在多边缘交叉处，这个过程会引起其他方向边缘的断裂。针对这个问题，潘大夫等人[40]通过优先选择当前边缘方向上的点，并记录分支点位置，再以分支点为起点进行跟踪，这样就解决了上述第三种情况引起的边缘断裂问题，而对于其他因素引起的断裂，如因屏蔽跟踪点而产生的断裂，后续还需要通过直线合并等方式来避免。针对边缘链码跟踪过程中直线断裂的问题，王竞雪等人[24]对链码跟踪方式做了进一步改进，在链码跟踪过程中，首先记录链码起点，并将其作为下一个链码跟踪的初选点，优先跟踪边缘方向上的点，对当前点先进行八邻域内链码跟踪，在八邻域内链码没有边缘点的情况下，再进行八邻域外链码跟踪。戴激光等人[44]在对Canny算子检测到的边缘点进行边缘细化的基础上，通过端点检测、交叉点跟踪、闭合边缘跟踪方法确保边缘链码提取的完整性。尽管上述方法从不同方面提出了相应的改进方案，但受限于Freeman链码跟踪方式，边缘链码交叉处无法被准确定义，没有其他信息加以约束，使得直线提取结果中易产生断裂直线及虚假直线。

Akinlar等人[45]提出一种新的边缘检测器，ED（Edge Drawing）边缘检测器，与现有边缘检测算子得到的二值图像不同，该检测器可提取得到一系列边缘像素链。结合 ED 边缘检测器的边缘检测结果及最小二乘线段检测方法，Akinlar 等人[46]进一步提出 EDLines 边缘检测算法用于直线提取。受益于前期快速的边缘检测算法及结果，在与 LSD 直线提取结果相当的条件下，EDLines 边缘检测算法比 LSD 直线提取算法速度提升了 10 倍，因而具有较高的直线检测效率。同 LSD 直线提取算法一致，EDLines 边缘检测算法最后采用 Helmholtz 原理，通过计算误报次数（Number of False Alarms，NFA）来消除检测错误的直线段，实现高效稳健的直线提取。Lu 等人[47]提出 CannyLines 直线提取算法，首先利用无参的 Canny 算子稳健地提取边缘，然后利用高效的边缘连接及分裂技术集合共线的边缘点，利用最小二乘法拟合初始线段，再通过有效的扩展和合并提取长线段，最后结合梯度信息，根据 Helmholtz 原理对所有提取的线段进行验证。

3. 基于梯度信息的直线提取方法

上述两类基于边缘的方法依赖边缘提取结果的准确性和完整性，然而，在进行图像边缘提取的过程中不可避免地会产生信息损失。为此，Burns 等人[48]提出一种直接基于图像梯度的直线段检测思路，即相位编组直线提取算法。与经典的基于边缘的线段检测器相比，该算法计算图像中所有像素点的梯度方向，将相邻且具有相近梯度方向的像素点分为一组，得到线支持域，然后利用相关强度面结构来确定边缘位置和属性，该算法具有很强的稳健性，能准确地识别许多对比不明显的直线，但是对断裂直线的处理效果不佳。之后，Kahn 等人[49-50]对该算法进行了改进，使得提取的线段具有良好的局部性，但合适阈值的选择仍然是难点。针对参数阈值难以设定的问题，Desolneux 等人[51-52]对此进行了深入的研究，分析在噪声环境下出现错误检测的概率，建立了一种数学模型，用来抑制虚假直线段的出现。Helmholtz 准则是其主要理论之一，当候选直线段在噪声环境下的期望值小于某个阈值时，认为其具有感知意义，由此确保在噪声干扰条件下，能够有效地控制误报次数，记录梯度相位与线段大致呈正交分布的点的数量，在反证模型中寻找线段作为非结构化的异常值。基于上述研究，Gioi 等人[53]提出具有线性运行时间的线段检测器（Line Segment Detector，LSD），这是一种基于空间的直线提取算法，在反证模型和相位编组直线提取算法的基础上，根据 Helmholtz 准则将梯度相位和直线验证有效地结合，对初步提取的候选直线段区域进行验证，将错误检测的数量控制在一个较低的水平，提高线段提取的准确性。鉴于 LSD 具有运行速度快、算法稳健性强、参数能够自适应，并且错误检测率能被有效控制等优点，其可被看作目前直线提取算法的标杆。针对现有直线提取算法在高分辨率图像上易产生过分割的现象，Salaün 等人[54]提出多尺度 LSD 直线提取算法，利用不同尺度的高斯滤波对输入图像进行处理，利用 LSD 直线提取算法对每个滤波图像进行直线提取，融合多尺度图像的直线提取结果为最终的提取直线。该算法不仅解决了高分辨率图像直线提取过分割问题，保留 LSD 直线提取算法已有的优势，而且进一步增强了原始 LSD 直线提取算法的抗噪性和稳健性。类似地，针对高分辨率彩色图像，罗午阳等人[55]提出一种多通道、多尺度的 LSD 直线提取算法，通过对不同通道、不同尺度下的 LSD 检测结果进行筛选融合提取直线。

综上，3 类直线提取方法对比分析如表 1-1 所示，第一类基于变换域的直线提取方法，指利用图像空间和参数空间的点线对偶性，通过确定参数空间累积矩阵峰值点确定直线，此类方法有很强的稳定性，能有效抵抗外界不确定因素的影响，但不足之处是计算量大、消耗内存，不适用于实时计算；第二类基于边缘连接的直线提取方法通过链码跟踪或邻域跟踪等方式提取初始链码串或边缘链，在此基础上通过直线拟合获取直线，此类方法原理易懂、操作简单，但易受噪声影响产生断裂直线；第三类基于梯度信息的直线提取方法利用携带直线相关信息较丰富的梯度幅度和相位作为主要的度量，可快速检测出对比度不明显处的特征，该类方法具有提取直线速度快、可实时处理的优势，它所获得的直线提取结果不仅包含直线端点坐标，同时还包含有关于直线的多种属性信息，但缺点是无法抑制噪声干扰，容易产生断裂直线。总之，现有的直线提取方法均试图对图像中所有直线结构特征进行完整提取，以简化图像解译的复杂度及实现地物的完整重构。但受遮挡、成像、复杂背景、强噪声、线状地物灰度差异等因素的影响，数字图像中目视清晰的连续线状结构提取有时仍会出现断裂或漏提取现象，或许通过认知心理学、神经生物学和计算机视觉等多学科交叉来实现直线提取能有所突破。

表 1-1　直线提取方法对比分析

方法	基于变换域的直线提取方法	基于边缘连接的直线提取方法	基于梯度信息的直线提取方法
原理	利用图像空间和参数空间的点线对偶性，确定参数空间累积矩阵峰值点	基于八邻域链码跟踪等方式跟踪得到链码串（边缘链），再通过直线拟合获取直线	结合梯度信息，将相邻且具有相似梯度方向的像素点聚类，得到线支撑域获取直线
优势	严密数学模型； 抗噪声能力强	原理简单； 计算量小、运行速度快	利用图像全部像素点的梯度信息，不依赖边缘检测结果
不足	参数设定；计算量大； 依赖边缘检测结果	受噪声影响易产生断裂直线； 依赖边缘检测结果	对噪声敏感； 易产生过分割
代表方法	SHT、MSHT、PPHT、MCMLSD 等	Freeman 链码、EDLines、CannyLines 等	相位编组、LSD 等

1.2 直线匹配的研究现状

目前，摄影测量和计算机视觉领域对直线匹配进行了一系列的研究[56-60]，取得了一定的进展。Schmid 和 Zisserman[61]提出直线匹配方法可以分为单直线匹配方法和组直线匹配方法两类。

单直线匹配方法主要利用单一直线的几何属性特征（如方向、长度、重叠度、距离等）[62-64]或邻域窗口灰度的相似性[61,65-68]，结合一定的几何约束对直线逐一进行匹配。常用的几何约束有核线约束[69]、三角网约束[70-73]、同名点约束、三焦张量等。与点特征匹配相比，线特征匹配的难点之一是缺乏将二维搜索降低到一维的核线约束，在直线特征匹配过程中，核线约束可将候选直线限定到端点核线构建的四边形范围内[74,72]，但二维搜索的范围依然较大。三角网约束是特征匹配过程中常用的图形约束[75-77]，通常利用已有的同名点构建参考影像、搜索影像上的同名三角形，根据同名特征位于同名三角形内的原则约束匹配候选直线。这类图形约束对于平坦区域的影像能够取得较好的约束效果，但对于视角变化较大的城区倾斜影像，特别是对于建筑物边缘处约束的可靠性较弱；除用于构建同名三角网约束外，同名点本身可以直接或间接地用于约束匹配候选。前者主要体现在直接利用同名点与直线间的相对位置关系约束匹配候选，如同名点与直线间的距离[78-79]、同名点与直线间的局部仿射不变性[80]、点—线共面性[81]等；后者利用同名点计算影像间的仿射变换矩阵、单应矩阵或基础矩阵等用于约束后续匹配[82]。同名点约束依赖于同名点数量、分布及匹配正确率，同名点数量不足或正确率不高，都将对匹配结果产生直接的影响。同时，随着 SIFT（Scale-Invariant Feature

Transform）算子产生，一些研究者开始关注直线梯度描述符的构建。王志衡等人[83]提出 3 个具有平移、旋转、光照不变性的均值—标准差描述符。该研究首先定义了直线平行支撑域，并将其分解为一系列子平行域，然后分别选择灰度、梯度、梯度幅值 3 种不同特征建立直线描述矩阵，最后通过计算描述矩阵行向量的均值和标准差构建直线描述符。在此基础上，Wang 等人[84]提出了均值-标准差直线描述符（Mean-Standard Deviation Line Descriptor，MSLD），通过分块统计直线上离散点支持区内像素梯度直方图构建描述符矩阵，计算描述符矩阵行向量的均值和标准差构建直线描述符，该描述符具有较好的可区分性及稳健性，但现有研究局限于单一尺度拍摄的影像，对尺度变化较为敏感。与 MSLD 相似，Zhang 等人[85]提出 LBD（Line Band Descriptor），首先将直线支撑区域分为若干个与直线平行的子区域，通过统计每个子区域内 4 个方向梯度向量构建直线描述符，该描述符在直线的局部邻域基础上引入了全局和局部高斯权重系数，匹配效果良好。但是，由于同一直线在不同影像上提取结果有差异，故难以获得一致性直线支撑域，对于复杂地物影像匹配可靠性较弱。借鉴 SIFT 点描述符，缪君等人[86]提出一种仿射不变的直线描述符用于匹配，该描述符在构建过程中考虑了不同影像间尺度变化及直线上点的对应关系，但仅利用直线上的点构建描述符，舍弃直线邻域范围内的点，对于复杂地物影像匹配，描述符的可靠性有待提高。

与单直线特征匹配相比，针对组直线特征匹配的研究相对较少。组直线匹配是由两条或者多条直线构成的直线组作为匹配基元进行整体匹配的。研究将由两条直线构成的直线组称为直线对，目前组直线匹配多是基于直线对的匹配。该类方法先要对影像上提取的直线进行编组提取构建直线对，该过程可分为无约束编组和有约束编组两类。前者对影像上提取的直线根据组合数方式自由编组[87]，但其中包含大量无意义的直线组合，在后续匹配过程中再通过角度等约束条件依次进行筛选；后者通常在限定的直线邻域范围内[88-90]结合交点、距离、角度、灰度等约束构建直线对。在直线对提取的基础上，现有研究多利用直线对内两直线间的几何属性、拓扑关系，以及构建区域描述符等相似性确定同名直线对。常用的直线对属性有两直线交点、两直线夹角、两直线段相对方位角、两直线段长度和与不同直线段端点距离总和的比值、两直线段邻域灰度信息等[91-93]。其中，两直线交点及两直线段邻域灰度信息是重要信息，常常体现在以交点为中心规则窗口的灰度相关信息、交点到核线距离、以交点为中心的描述符构建、直线段两侧灰度信息、邻域灰度空间直方图等[94-98]。相似性测度函数一般采用最小距离、相关系数、NNDR（Nearest Neighbor Distance Ratio）等。上述基于直线对间几何属性的相似性约束匹配受直线提取结果及成像差异的影响，在提取结果存在断裂、建筑物成像差异较大的情况下，容易产生错误匹配结果。

此外，组直线匹配结果检核是关键，由于同一条直线可以在不同的直线对中重复匹配，因此匹配结果存在大量的冗余。同时，由于匹配的模糊性，同一条直线在不同的直线对中匹配可能产生不同的匹配结果，特别对于邻近平行直线会产生多种匹配结果，因此会产生“一对多”“多对一”“多对多”的匹配结果，如何利用冗余信息从该结果中提取正确匹配结果是难点。根据“错误事件发生概率小，正确事件发生概率大”的原则，OK 等人[88]采用简单的概率阈值法确定同名直线，该方法可以有效剔除部分较为明显的错误匹配结果，但非同名特征局部支撑域大范围重复导致邻近平行特征线的错误匹配结果难以被检核。因此，在此基础上，OK 等人[99]进一步提出结合 Daisy 直线描述符、直线对内两直线间端点距离、直线对匹配过程中属性相似性测度 3 个方面建立匹配结果中单直线的相似性测度函数，并给予 3 个方面不同的权重，结合 NNDR，采用迭代更新方式对匹配结果进行检核。但是该方法对匹配结果逐一进行检核，未考虑“多”结果间的关联及整合。此外，针对直线提取结果断裂产生的“一对多”“多对一”“多对多”的匹配结果，现有研究多通过计算直线间夹角及不同直线间端点距离判断结果中“多”直线是否满足共线条件，对不满足共线条件的结果整体删除。这种“一刀切”的处理方式同时剔除了其中的正确匹配，结果并不理想，这也是单直线匹配存在的共性问题。

如表 1-2 所示为不同匹配阶段单直线与组直线匹配的共同点及组直线匹配可拓展的特点。

表 1-2 不同匹配阶段单直线与组直线匹配的共同点及组直线匹配可拓展的特点

不同匹配阶段	单直线与组直线匹配的共同点	组直线（直线对）匹配可拓展的特点
匹配约束	核线约束 三角网约束 同名点 单应矩阵	交点核线约束 直线对拓扑约束 直线对共面约束
特征描述	单直线几何属性信息 邻域灰度信息 邻域直线拓扑关系 单直线梯度描述符	直线对几何属性 直线对内两直线拓扑关系 交点窗口信息 以交点为顶点或中心点的直线对梯度描述符
结果检核	双向一致性 RANSAC 拓扑检核	冗余检核
匹配结果	同名直线	同名直线对、共面直线对

由于组直线是由单直线构成的，因此在单直线匹配过程中涉及的理论均可以应用到组直线匹配过程中。而与单直线匹配相比，直线对匹配更为复杂，但后者可以提供以直线对内两直线交点为中心的核线、拓扑、描述符等更多的约束条件，还涉及直线对本身冗余、拓扑、共面等属性信息，这些约束能较好地优化和解决单直线匹配的模糊性问题。虽然现有组直线匹配研究取得了一定的进展，但仍存在以下问题：①由于不同影像之间存在视角变化，目标物在不同影像上成像差异较大，常用的基于夹角、直线段长度等组直线间基本几何属性构建的相似性度量准则难以准确描述组特征之间的相似性，此外，在非严格共面条件约束下同名直线对一致性特征区域难以获取，同时以直线对内两直线交点为原点的局部区域一致性较弱，导致局部特征描述符方法难以获得可靠的匹配结果；②对于非同名特征相似性及直线提取断裂产生的“一对多”“多对一”“多对多”的匹配结果，没有给予全面、细致、正确的检核及整合，其中，正确、错误对应关系混淆存在，单一的拓扑约束或基

于冗余信息的概率阈值约束都难以实现理想的错误剔除。为此，如何避开直线对基本几何属性，利用其几何拓扑关系，完成非严密共面条件约束下一致性支撑区的描述符构建，如何充分利用及有效结合匹配结果的冗余信息和直线间拓扑关系，区分非“一对一”匹配结果中正确及错误对应关系，完成匹配结果的有效检核，是组直线匹配面临的主要挑战。

第2章

面向立体影像匹配的直线提取

直线作为遥感影像中一种典型的几何结构特征，广泛存在于建筑物、道路及机场跑道等人造目标和地物中，作为图像表达的中层描述符号，其包含丰富的地物结构特征。图像中的特征直线不仅是视觉感知的重要线索和图像解译的基本依据，也是基于影像三维重建的关键场景特征，在场景分析、模式识别、影像匹配、三维重建等领域具有一定的应用价值。直线提取是直线匹配的首要关键步骤。本章对基于 Freeman 链码的直线提取、基于 Hough 变换的直线提取、基于梯度信息的直线提取三大类直线提取方法分别进行介绍。

2.1 基于 Freeman 链码的直线提取

链码是 Freeman 于 1961 年提出的[100]，因此又被称为 Freeman 链码。它是用曲线起始点的坐标和边界点方向代码来描述曲线或边界的方法，常被用在图像处理、计算机图形学、模式识别等领域中表示曲线和区域边界。它是一种边界的编码表示法，用边界方向作为编码依据，为简化边界的描述，一般描述的是边界点集。链码能被广泛应用，是因为它可以节省大量的存储空间，并且以非常少的数据来存储更多的信息。基于 Freeman 链码的直线提取方法是一种可以简单便捷地表达直线的方法，其特性是利用一些具有特定长度和方向的相互连接的直线段来表示提取图像的边界直线。因此，基于 Freeman 链码的特征线提取不仅可以得到特征直线，还可以跟踪曲线边缘。

2.1.1 Freeman 链码

链码是用于表示由顺次连接的具有指定长度和方向的直线段组成的图像的边界线[100]。Freeman 8 方向链码是指相邻两像素点连线的 8 种可能方向值 $a_i \in \{0,1,2,3,4,5,6,7\}$，如图 2-1（a）、（b）所示，每个链码值 a_i 都有一个向量 $\boldsymbol{V}_i$ 与之对应[35]：$\boldsymbol{V}_0=(1,0)$，$\boldsymbol{V}_1=(1,-1)$，$\boldsymbol{V}_2=(0,-1)$，$\boldsymbol{V}_3=(-1,-1)$，$\boldsymbol{V}_4=(-1,0)$，$\boldsymbol{V}_5=(-1,1)$，$\boldsymbol{V}_6=(0,1)$，$\boldsymbol{V}_7=(1,1)$。图像中的每个边缘均可用一链码串表示，边缘上的一个点移到下一个点的过程，一定对应着链码的 8 个

基元之一。这是因为数字图像中每个像素点的 8 个相邻点的方向及距离，恰恰与链码的 8 个基元的方向及长度一致。如图 2-1（c）所示的一条边缘线，S 为起始点，E 为终点，此边缘链码可表示为 $L = 43322100000066$。

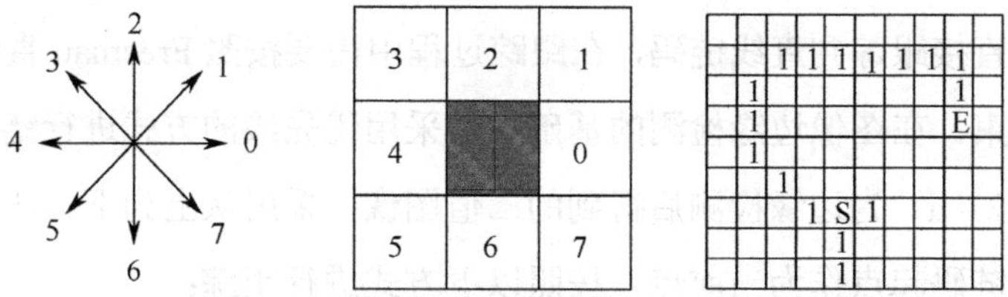

(a) 链码方向　(b) 8方向示意图　(c) 边缘点

图 2-1　8 方向链码

数字图像是经过采样、量化后形成的离散图像，离散空间中的直线呈现出连续空间的直线所不具备的一些特征，即与连续空间中的直线相比，离散空间中的直线呈现出自身的特征。20 世纪 70 年代，Freeman 总结这些特征并提出判定一条链码是直线链码必须遵循的 3 条准则，简称 Freeman 直线链码准则[32]：

（1）链码中至多出现两个方向码，且两个方向码为相邻方向码。

（2）若有两个方向码出现，则其中之一必单个出现。

（3）单个出现的方向码总是尽可能均匀地出现在链码串中。

1982 年，Wu[101]证明 Freeman 准则是判别一条链码是否为直线链码的充要条件。由于基于链码的直线提取方法具有计算量小、速度快，尤其对较大的影像具有实时性的优点，所以基于 Freeman 链码的直线提取方法被广泛应用。目前，基于 Freeman 链码提取直线主要有两种方式：一是基于直线链码准则约束跟踪直接得到直线链码；二是按如图 2-1（c）所示的链码跟踪方式首先跟踪得到链码串，再对其进行直线拟合获取直线链码。

2.1.2 基于链码准则的直线提取

为了直接跟踪到直线链码，在跟踪过程中需要按照 Freeman 直线链码准则加以约束。在图像边缘检测的基础上，采用优先级的方式进行链码跟踪。假设图 2-2（d）为边缘检测后得到的二值图像，采用从上到下、从左到右的顺序搜索链码起点作为当前点，按照以下方式进行跟踪：

（1）如图 2-2（a）所示，当链码为空时，按照 0→7 的逆时针方向跟踪，将最先跟踪到的边缘点所在的方向码作为初始方向码$\boldsymbol{V}_1$。

（2）如图 2-2（b）所示，当链码中仅有一个方向码$\boldsymbol{V}_1$时，跟踪过程中优先判断$\boldsymbol{V}_1$方向上是否存在边缘点，其次判断$\boldsymbol{V}_1$的两个相邻方向，即与$\boldsymbol{V}_1$方向模 8 意义下相差 1 的两个相邻方向。

（3）如图 2-2（c）所示，当链码中有两个方向码$\boldsymbol{V}_1$与$\boldsymbol{V}_2$时，其中，$\boldsymbol{V}_2$为单个出现的方向码，跟踪过程中优先判断$\boldsymbol{V}_1$方向，其次判断$\boldsymbol{V}_2$方向。当仅$\boldsymbol{V}_2$方向存在边缘点时，则需要检查上一个链码方向值是否为$\boldsymbol{V}_2$，即判断是否满足 Freeman 链码准则（2），若不满足，则停止当前链码跟踪。

（4）在上述链码跟踪过程中，如果当前点 8 个相邻方向没有边缘点，则完成本次链码跟踪。

对图 2-2（d）按照上述方式进行链码跟踪得到 3 组链码串，分别为{7,7,7,6,7,7,7,6,7,7,7,7}、{0,0,0,0,7,0,0,0,0,0}、{5,5}，链码跟踪顺序如图 2-2（d）中数字所示。当前点在第 8 个像素点时，只判断已有链码中出现的 7、6 两个方向，对边缘点所在的 0 方向不进行跟踪。通过链码准则约束跟踪，确保了跟踪链码的直线性。

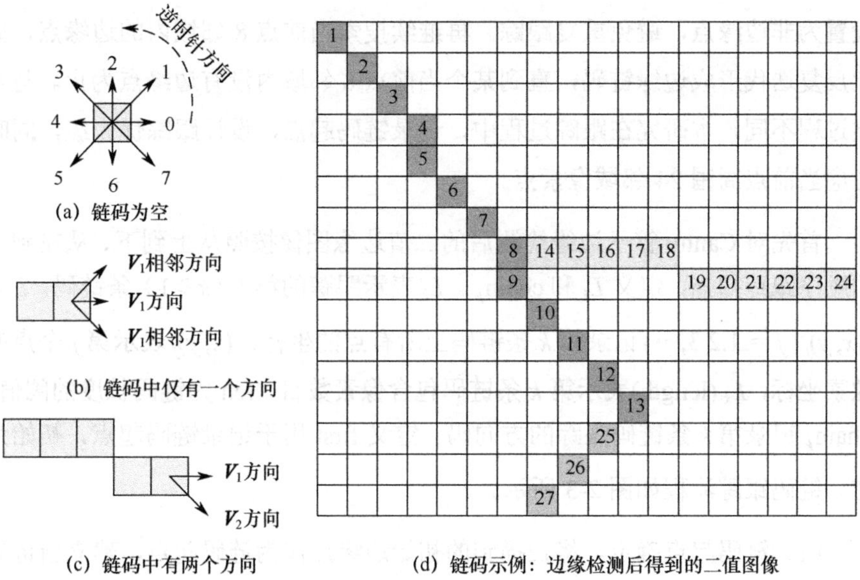

图 2-2　优先级跟踪示意图

2.1.3　基于链码的边缘跟踪及直线拟合

Freeman 直线链码准则更适用于理想直线。众所周知，在图像获取过程中，噪声的存在是不可避免的。Freeman 所提出的准则过于严密，如果在链码跟踪中严格利用上述 3 条准则进行约束提取直线链码，就会引起连续边缘的断裂，产生较多的短直线链码。为了解决这个问题，基于链码跟踪、分裂、拟合的直线提取方法应运而生。该方法主要包括链码跟踪、链码分裂两个步骤。

1. 链码跟踪

链码跟踪结果直接决定了直线提取的结果。传统的链码跟踪算法一般是按照 Freeman 链码从 V_0 到 V_7 8 个向量的顺序对边缘点进行跟踪的。将扫描的第一个边缘点作为链码的起点，然后按照上述方向搜索该点 8 邻域内边缘点。将 8 邻域内扫描到的第一个边缘点添加到链码并更新为当前点，同时将该点设置为非边缘点，避免重复跟踪。再继续搜索当前点 8 邻域内的边缘点，如此反复迭代形成边缘链码，直到某个当前点 8 邻域内没有边缘点为止。与上述过程不同，本研究在跟踪过程中，记录链码起点，设计跟踪优先级，同时考虑当前点周围 24 邻域像素点。

首先对 Canny 算子边缘检测后的二值边缘图像按照从上到下、从左到右的顺序跟踪扫描，定义 L_k 和 chain_k。L_k 表示跟踪的第 k（$k \geqslant 1$）条链码，$L_k = \{(x, y)_j \mid j = 1,2,3,\cdots\}$ 记录第 k 条链码上所有点的坐标，$(x, y)_j$ 表示第 j 个点的像素坐标，L_k (length)表示第 k 条链码包含像素数目，len 为链码长度的阈值。chain_k 记录第 k 条链码跟踪的方向码。定义 first 用于记录链码起点，初始为空。链码跟踪流程如图 2-3 所示。

（1）链码起点确定。将扫描到的初始边缘点作为链码起点，建立新链码 $L_k = \{(x, y)_j\}$，将起点坐标记录到 first，同时将其设置为非边缘点（在跟踪过程中将扫描过的点都设置为非边缘点，避免重复扫描，后续不再进行说明），转到步骤（2）。如果搜索不到新的边缘点，图像扫描完毕，转到步骤（7）。

（2）初始方向码确定。以$(x, y)_j$ 作为当前点 P。按照图 2-2（a）$\boldsymbol{V}_0$ 到 $\boldsymbol{V}_7$ 逆时针方向搜索当前点的 8 邻域，若其 8 邻域内不存在边缘点，返回步骤(1)；否则更新链码 $L_k = \{(x, y)_j, (x, y)_{j+1}\}$，将初始搜索到的 $\boldsymbol{V}_\text{i}$ 方向的边缘点坐标 $(x, y)_{j+1}$ 添加到链码，并将该点作为当前点 P。建立对应的方向码 $\text{chain}_k = \{\boldsymbol{V}_i \mid i \in [0, 7]\}$，转到步骤（3）。

（3）跟踪方式确定。首先判断当前点 8 邻域内是否存在边缘点，如果存在，采用 8 邻域内跟踪的方法，转到步骤（4）；否则，在 8 邻域外跟踪，转到步骤（5）。

（4）8 邻域内跟踪。取出最后方向码作为当前搜索主方向码，即 $\boldsymbol{V}_\text{main} = \boldsymbol{V}_\text{end}$。判断当前点主方向上，即 $P+\boldsymbol{V}_\text{main}$ 点是否为边缘点，如果是，更新 L_k 和 chain_k，转到步骤（3）；否则，采用文献[102]中轮廓边缘差别码方法计算 8 邻域内其他边缘点方向码与主方向码差值，选择最小差值方向码作为当前方向码，更新 chain_k，将对应边缘点添加到链码 L_k，作为当前点，转到步骤（3）。

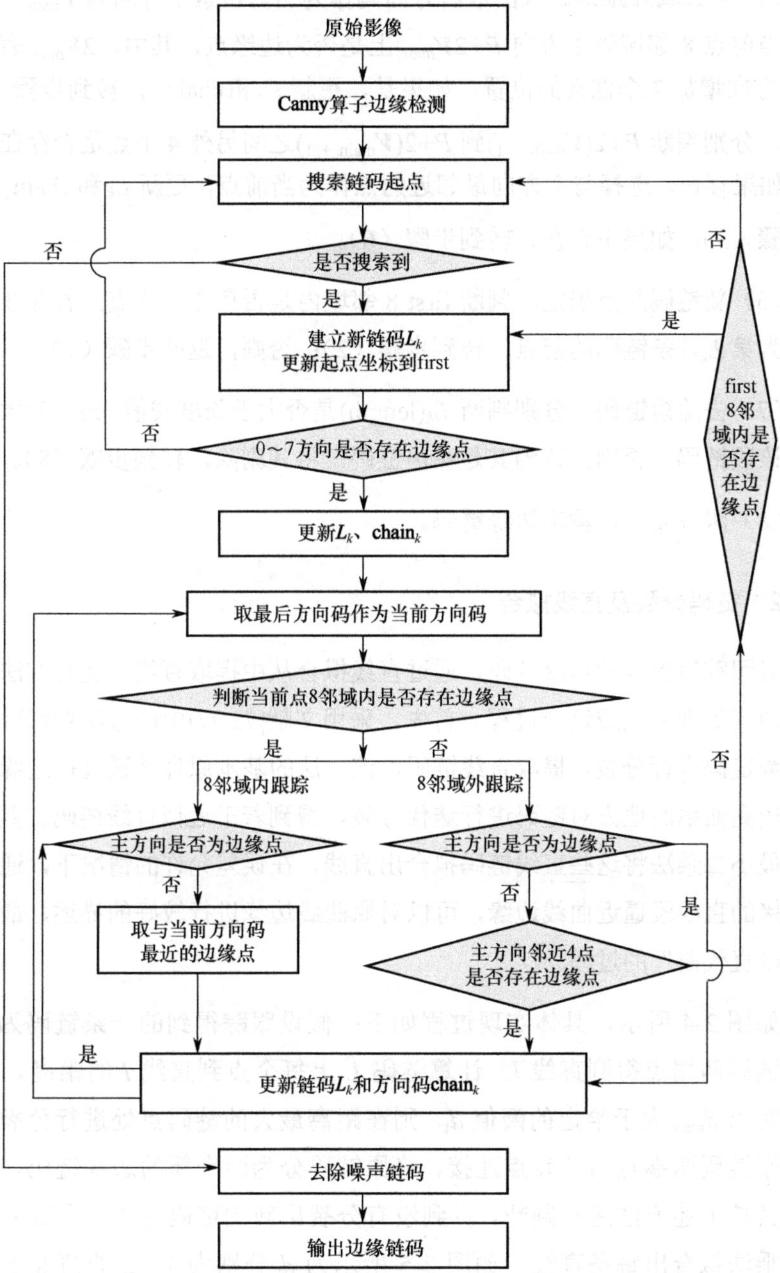
原始影像
Canny算子边缘检测
搜索链码起点
是否搜索到
否
是
建立新链码L_k
更新起点坐标到first
0～7方向是否存在边缘点
否
是
更新L_k、chain$_k$
取最后方向码作为当前方向码
判断当前点8邻域内是否存在边缘点
是
否
8邻域内跟踪
8邻域外跟踪
主方向是否为边缘点
否
取与当前方向码
最近的边缘点
主方向是否为边缘点
否
是
主方向邻近4点
是否存在边缘点
是
是
更新链码L_k和方向码chain$_k$
去除噪声链码
输出边缘链码
first
8邻
域内是
否存
在边
缘点
否
是
否

图 2-3　链码跟踪流程

（5）8 邻域外跟踪。取出最后方向码作为当前搜索主方向码 $V_{main}=V_{end}$，判断当前点 8 邻域外主方向 $P+2V_{main}$ 上是否为边缘点，其中，$2V_{main}$ 表示沿 V_{main} 方向增加 2 个像素的位置，如果是，更新 L_k 和 $chain_k$，转到步骤（3）；否则，分别判断 $P+2(V_{main-1})$到 $P+2(V_{main+1})$之间另外 4 个点是否存在边缘点。如果存在，选择与主方向最邻近的点作为当前点，更新 L_k 和 $chain_k$，转到步骤（3）；如果不存在，转到步骤（6）。

（6）新链码起点确定。判断 first 8 邻域内是否存在边缘点，若存在，将其作为第 L_{k+1} 条链码的起点，转到步骤（2）；否则，返回步骤（1）。

（7）去除短链码。分别判断 L_k(length)是否大于长度阈值 len，若大于，保留该段链码；否则，认为其是噪声链码，将其剔除，转到步骤（8）。

（8）跟踪完毕，输出边缘链码。

2. 链码分裂及直线拟合

对跟踪后得到的边缘链码，通过直线拟合从中提取直线。现有方法大都通过两步处理来完成这个过程。首先，采用文献[73,77]中的方法对跟踪得到的边缘链码进行分裂，提取直线链码，该方法的基本原理是通过在边缘链码具有较高曲率的地方对链码进行迭代分裂，得到若干近似直线链码。其次，通过最小二乘法将这些直线链码拟合出直线，在误差允许的情况下，通过相互连接的直线段逼近曲线边缘，可以对原曲线边缘进行较好的描述，最终实现“以直代曲”的过程。

如图 2-4 所示，具体实现过程如下：假设跟踪得到的一条链码为 L，连接链码两端点得到直线 l，计算链码 L 上每个点到直线 l 的距离。如果最大距离 d_{max} 大于给定的阈值 d_t，则在距离最大的链码点处进行分裂。分别将原链码两端点与分裂点连接，将原链码分为两个新的边缘链码，再分别对其按上述方法进行判断，直到没有分裂出新的链码为止。最后采用最小二乘法拟合出每条直线。如图 2-5 所示为 d_t 分别为 1、2 的情况下得到的曲线链码分裂结果。可以看出，d_t 越小，链码分裂数目越多，拟合的直线边缘越接近曲线边缘。

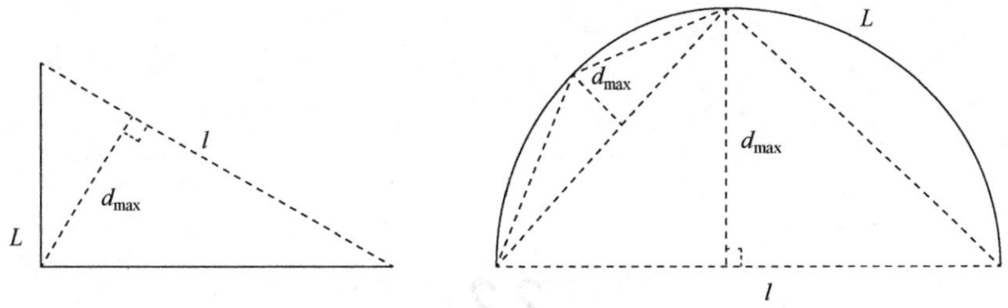

图 2-4　链码分裂原理

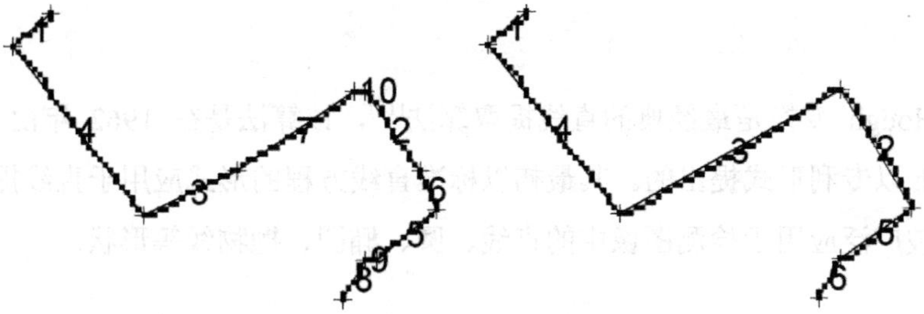

(a) $d_t = 1$　　(b) $d_t = 2$

图 2-5　曲线链码分裂结果

2.2 基于 Hough 变换的直线提取

Hough 变换是最经典的直线提取算法[17]，该算法是在 1962 年由 P. V. Hough 以专利形式提出的。其最初以标准直线方程的形式应用于直线提取，现在被广泛应用于检测图像中的直线、圆、椭圆、抛物线等形状。

2.2.1 Hough 变换的原理

Hough 变换的本质是从图像空间到参数空间的映射，其基本思想是把解析曲线从图像空间映射到参数空间，根据参数空间的一些标识反过来确定曲线的参数值，进而得出图像空间中各边界的确定性描述，这样，Hough 变换就把图像空间中较为困难的全局检测问题转化为参数空间中相对容易解决的局部峰值检测问题了[103]。同时，也可以将 Hough 变换描述为证据积累的过程：图像空间中的任意数据点，通过变换函数的作用，在参数空间中，对所有可能经过这个数据点的图形对应的参数进行投票；所有数据点的投票通过累加矩阵进行累加，投票结束后，各累加单元的累加值表示所检测图形的参数为相应累加单元对应参数概率的大小。

Hough 变换的基本思想是点—线的对偶性，即图像空间共线的点对应在参数空间中相交的线；反过来，在参数空间中相交于同一点的所有直线在图像空间中都有共线的点与之对应。通过参数空间与图像空间的对偶性关系检测出图像中的直线。

设在图像空间直角坐标系中有一条直线 l，该直线方程可描述为：

$$y = ax + b \tag{2-1}$$

其中，b 为截距，a 为斜率。则在参数空间中该直线以 b 、a 为参数的直线方程为：

$$b = -xa + y \tag{2-2}$$

即表示为参数空间 AB 中过点(a,b)的一条直线。

如图 2-6（a）所示，在平面坐标系中任一直线 $y = ax + b$，该直线上存在两个点 (x_i, y_i) 和 (x_j, y_j)，对应的直线方程为：$y_i = ax_i + b$ 和 $y_j = ax_j + b$ 。如图 2-6（b）所示，平面坐标系中的点在参数空间中是一条直线，则 (x_i, y_i)、(x_j, y_j) 两点对应参数空间的直线方程分别为：$b = -ax_i + y_i$ 和 $b = -ax_j + y_j$，且这两条直线相交于一点 (a,b) 。因此，在图像空间中 N 个共线的点在参数空间中对应的是相交于一点的 N 条直线；反过来，在参数空间中相交于同一点的直线在图像空间中则有 N 个共线的点与之对应，即为点—线的对偶性。

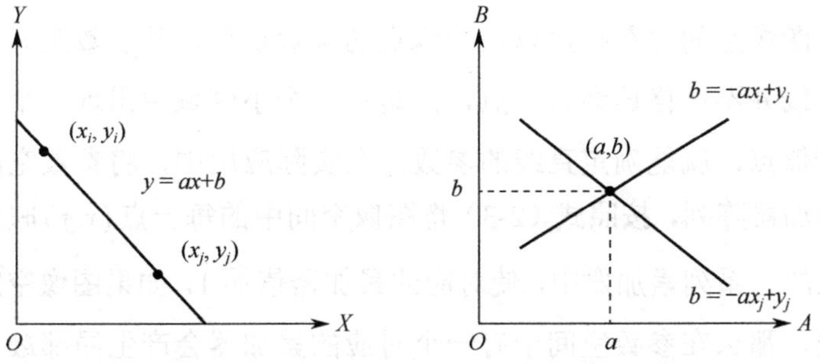

(a) 图像空间坐标系　　(b) 参数空间坐标系

图 2-6　斜率—截距参数下 Hough 变换的点—线对偶性

对于标准 Hough 变换，当图像空间中直线近似垂直于 x 轴，斜率无限大时，计算量也随之增大，极坐标的引入有效地解决了这个问题，能够正确识别和提取任意方向和任意位置的直线。如图 2-7（a）所示，设在图像空间中的直线 l，原点到该直线的垂直距离为 ρ，垂线与 x 轴的夹角为 θ，参数空间则可用 θ 、ρ 来表示该直线，且其直线方程为：

$$\rho = x\cos\theta + y\sin\theta \tag{2-3}$$

在直角坐标系中，直线 l 上任一点 (x,y) 对应参数空间 (ρ,θ) 的一条正弦曲线，而图像空间内的一条直线由一对参数 (θ_0,ρ_0) 唯一确定，因而该直线上各点变换到参数空间的每条正弦曲线都必须经过点 (θ_0,ρ_0)，参数空间中的这点就代表了图像空间这条直线的参数，如图 2-7（b）所示。

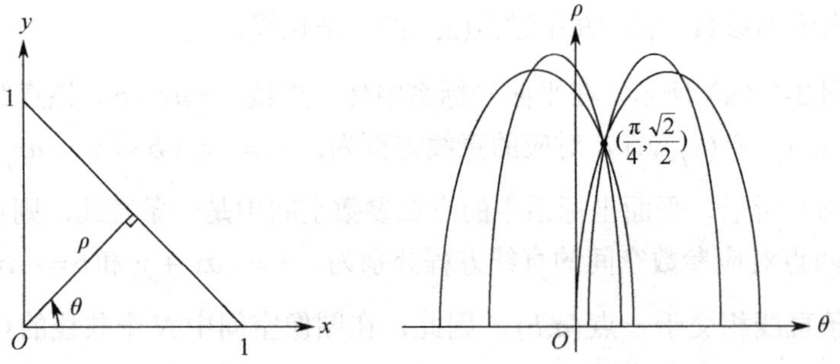

(a) 直线极坐标参数　　(b) 参数空间

图 2-7　极坐标参数下 Hough 变换的点—线对偶性

由于图像空间存在噪声以及边缘点的位置误差，故参数空间中所映射的正弦曲线并不严格地通过一点，而是在一个小区域中出现一个峰值，只要检测峰值点，就能确定直线的参数。在实际应用中，将参数空间离散化成一个累加器阵列，按照式（2-3）将图像空间中的每一点 (x,y) 映射到参数空间对应的一系列累加器中，使对应的累加器值加 1。如果图像空间中包含一条直线，那么在参数空间中有一个对应的累加器会产生局部最大值。通过检测这个局部最大值，可以确定与该直线对应的一对参数 (ρ,θ)，从而检测出直线。

如图 2-8（a）所示，图中分布了 13 个离散点，这些点或两两共线，或三三共线，或五五共线。经过 Hough 变换后，对应参数空间中的 13 条曲线，如图 2-8（b）所示，这些曲线或是两条曲线交于一点，或是三条曲线交于一点，或是五条曲线交于一点；反过来这些相交的曲线在图像空间中则对应共线的点，很好地验证了 Hough 变换的点—线对偶性。

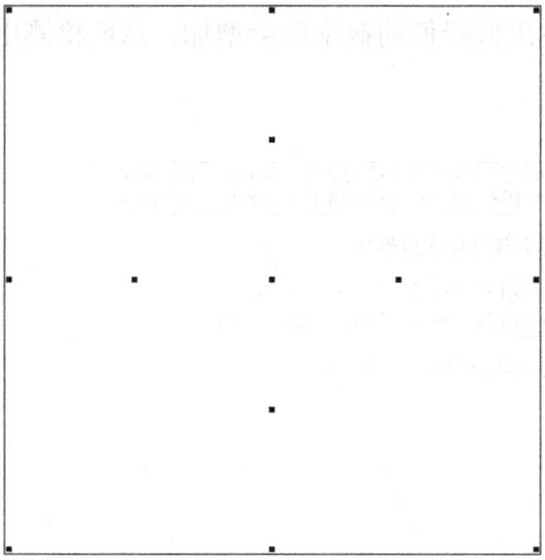

(a) 图像空间中的离散点

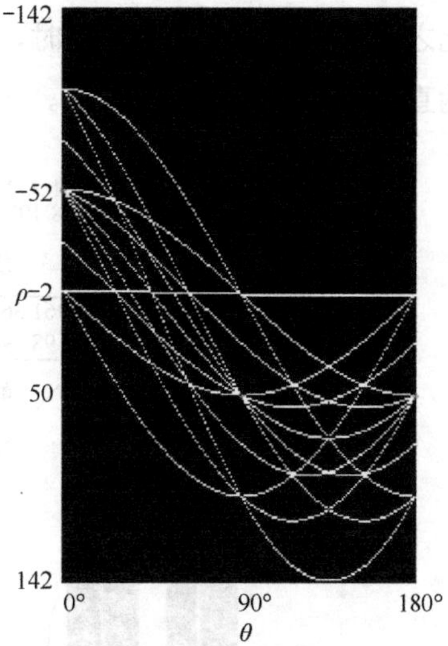

(b) 经Hough变换后的参数空间的曲线

图 2-8　图像空间与 Hough 变换后参数空间的累积矩阵

2.2.2　Hough 变换用于直线提取存在的问题

1. 确定性问题

（1）概率事件：Hough 变换是严格数学意义上的直线提取算法，但是该算法用于图像中的直线提取，其结果正确性属于一种概率事件。因为图像空间的点映射到参数空间是“一对多”的映射模式。如果参数空间 θ 的量化值共 M 个，那么图像空间中任意点映射到参数空间分别落到 M 个累加器上。也就是说，累加器峰值对应的图像上的点也会落到其他累加器上，这些点可能会同其他离散的点，如边缘点或噪声点共同投票产生另一个虚假峰值，而该峰值对应的是一条伪直线。如图 2-9 所示，峰值 2 是由峰值 1 对应直线上的部分边缘点和其他边缘点组成的伪峰值，这种情况通常发生在局部峰值点附近。当累加器距离局部峰值越近时，累加器的值就越接近局部峰值；当累加器距离局部峰值越远时，累加器的值就越远离局部峰值，从而导致真实的局部峰值和其周围的累加器的值不易区分，难以检测出正确的峰值[103]。除此之外，当图像上存在噪声时，产生虚假峰值的概率就会增加，从而检测出伪直线的概率也会随之增大。

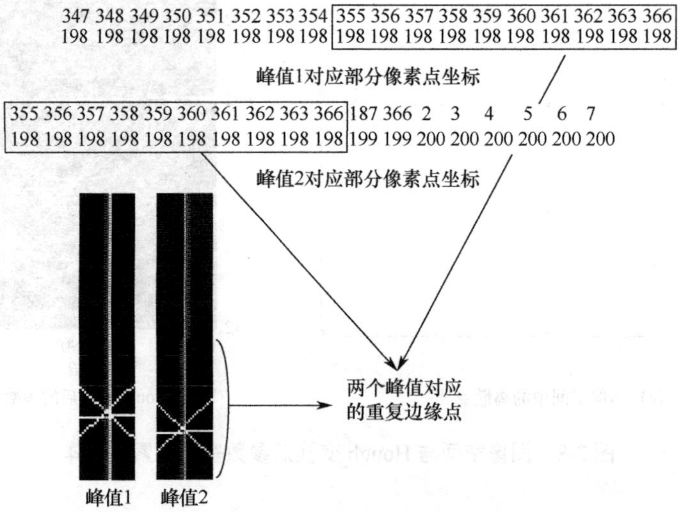

图 2-9　重复投票产生的虚假峰值现象

（2）过清零：为了避免上述局部峰值点邻域范围内产生的虚假峰值，现有方法多会采用清零法。首先记录局部峰值点在参数空间的坐标，然后将该峰值点局部邻域范围内累加器的值设置为零。这种将邻域范围内清零的方法在一定程度上削弱了上述虚假峰值现象，同时也产生了一个新的问题。当图像空间中存在两条距离较近的平行直线时，这两条直线对应的参数空间的峰值点的位置是邻近的，而上述清零法会将其中一条直线对应的峰值点也同时清零。这样，无疑会使图像空间中本该被检测出来的直线由于过清零而被漏检。

（3）绝对水平线和绝对垂直线：在 Hough 变换过程中，θ 的取值通常有 $[0, \pi]$ 和 $[-\pi/2, \pi/2]$ 两种情况。如果选择 $[0, \pi]$，绝对垂直线会出现双峰值，对称位于 0 和 π 位置，ρ 值相反；如果选择 $[-\pi/2, \pi/2]$，绝对水平线会出现双峰值，对称位于 $-\pi/2$ 和 $\pi/2$ 位置，ρ 值相反。

（4）直线端点及长度的确定：Hough 变换只检测出图像空间中存在直线

的参数，没有对检测直线的端点和长度进行确定。

2. 不确定性问题

（1）参数空间量化间隔：参数空间量化间隔直接决定了 Hough 变换的精度及计算的速度。当量化间隔较大时，不同直线上的点可能会聚集到相同的累加器单元，则直线定位不精确，同时会存在部分直线被漏检的情况；反之，当量化间隔较小时，会增加计算量和存储空间，同一条直线上的点可能会分散到不同的累加器单元，直线提取结果会出现如图 2-10 所示的交错现象，其中，实线的直线提取会得到两个检测结果，长度较长的斜线易于产生该问题。

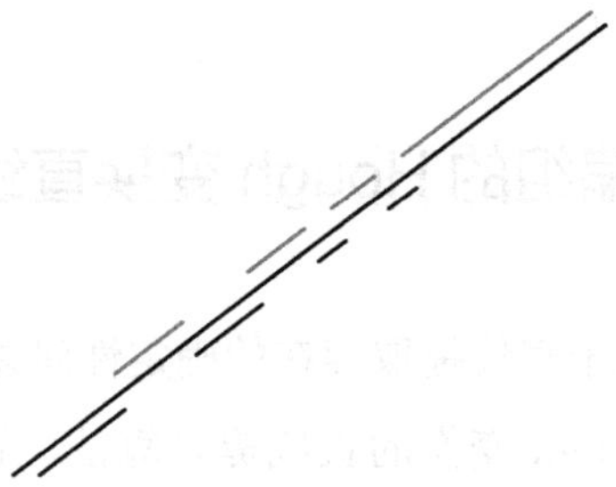

图 2-10　较小量化间隔易于引起单线多线化问题

（2）过连接：传统 Hough 变换将整个边缘检测后的二值图像用于全局 Hough 变换。这种方式一方面计算量大、运算速度慢，另一方面会产生过连接直线和伪直线，峰值检测的阈值难以把握。Hough 变换中过连接直线包括 3 种情况：一是将属于不同物体边缘或同一物体不同部分的直线提取为同一条直线，如图 2-11（a）所示；二是将一些边缘和其他点（噪声点或其他边缘上的点）检测为同一条直线，如图 2-11（b）所示；三是将一些非边缘点检测为同一条直线，如图 2-11（c）所示。针对过连接问题，现有解决方法主要有分区域 Hough 变换。该方法首先将图像划分为互不重叠的规则的子影像，然后在每个子影像上分别进行 Hough 变换提取直线。该方法不能完全消除过连接现象，同时使得刚好处于两块之间或跨越两块的直线段难以被检测或产生提取断裂。鉴于这种情况，徐胜华等人[104]将划分的相邻的图像块之间保留 10%的重叠度，但该方式增加了后续直线合并的计算量。针对过连接产生的伪直线问题，通常还会采用设定直线连接最小距离和检测直线最小长度的双阈值法来避免。但对于整幅图像的 Hough 变换或者规则的分区域 Hough 变换，双阈值法仍不能有效地解决这个问题。

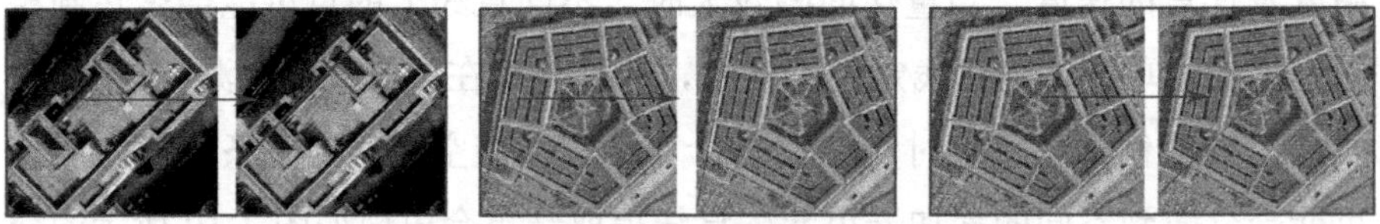

(a) 情况一　　(b) 情况二　　(c) 情况三

图 2-11　不同形式过连接产生的伪直线

2.2.3　结合边缘编组的 Hough 变换直线提取

针对 Hough 变换用于直线提取存在的确定性问题和不确定性问题，王竞雪等人[105]提出改进 Hough 变换的直线提取算法。该算法具有以下特性：①边缘编组不仅保证直线提取的连贯性，同时有效改善过连接及虚假直线问题，提高运行效率；②通过删除短的边缘组来消除独立像素点或者短边缘对直线提取的影响，减少计算量和存储空间；③针对每个边缘组单独确定 Hough 变换的原点和 ρ 的取值范围，大大减小了运算量，提高了直线提取的可靠性；④在 Hough 变换过程中，采用单峰值确定及对应像素删除的迭代“投票”方式，能有效避免重复投票产生的虚假峰值和过清零操作。结合边缘编组的 Hough 变换直线提取算法包括 3 个步骤，总体流程如图 2-12 所示，首先利用 Canny 算子对图像进行边缘检测[106]；然后利用基于 8 邻域的链码跟踪方法对检测后的边缘点进行跟踪编组，得到若干个互不相连的独立边缘组。跟踪过程中只考虑点与点之间的连贯性，并不对边缘的方向加以约束和限制，也不考虑跟踪的优先级；最后利用改进的 Hough 变换对每个边缘组分别进行直线提取。具体步骤如下：

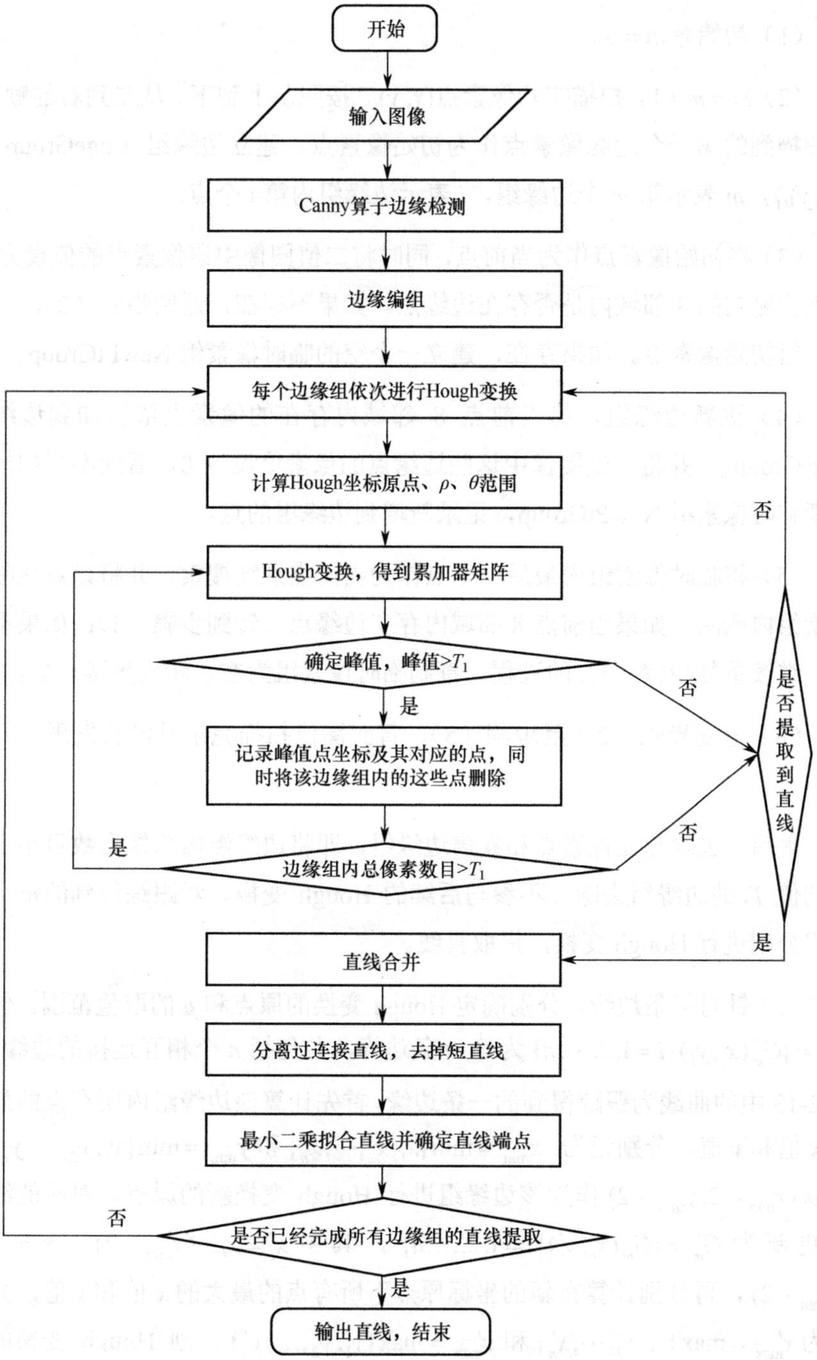
开始
输入图像
Canny算子边缘检测
边缘编组
每个边缘组依次进行Hough变换
计算Hough坐标原点、ρ、θ范围
Hough变换，得到累加器矩阵
确定峰值，峰值>T1
是
记录峰值点坐标及其对应的点，同时将该边缘组内的这些点删除
边缘组内总像素数目>T1
是
否
否
是否提取到直线
否
是
直线合并
分离过连接直线，去掉短直线
最小二乘拟合直线并确定直线端点
是否已经完成所有边缘组的直线提取
否
是
输出直线，结束

图 2-12　算法总体流程

（1）初始令 $m=0$。

（2）$m=m+1$，扫描初始像素点$(x,y)_i$。按照从上到下、从左到右的顺序，将扫描到的第一个边缘像素点作为初始像素点。建立边缘组 $\text{EdgeGroup}_m=\{(x,y)_i\}$，$m$ 表示第 m 个边缘组，i 表示边缘组内第 i 个点。

（3）将初始像素点作为当前点，同时将二值图像中该像素点的值设为 0，分别检测它的 8 邻域内是否存在边缘点。如果不存在，返回步骤（2），寻找下一组初始像素点。如果存在，建立一个空的临时像素组 NewPtGroup。

（4）更新边缘组，将当前点 8 邻域内存在的像素点依次加到边缘组 EdgeGroup_m，并将二值图像中这些边缘点的像素值设为 0，后续不再扫描。更新临时像素组 NewPtGroup，记录新增到边缘组的点。

（5）将临时像素组内最后一个点作为当前点继续搜索，并将该点从临时像素组内删除。如果当前点 8 邻域内存在边缘点，转到步骤（4）；如果不存在，继续重复步骤（5）的过程，直到临时像素组为空，转到步骤（6）。

（6）重复步骤（2）至步骤（5），直到图像扫描完毕且没有发现初始像素点。

最后，去除独立像素点和噪声边缘组，即将边缘组内总像素数目小于给定阈值 T_1 的边缘组去除，不参与后续的 Hough 变换。对跟踪得到的每个边缘组分别进行 Hough 变换，提取直线。

（1）针对每条边缘，分别确定 Hough 变换的原点和 ρ 的取值范围。假定 $G_m=\{G_m(x_i,y_i)\,|\,i=1,2,\cdots,n\}$ 为第 m 条边缘，共包括 n 个相互连接的边缘点。图 2-13 中的曲线为跟踪得到的一条边缘。首先计算该边缘组内所有点的最小的 x 值和 y 值，分别记为 $x_{\min}=\min\{x_1,x_2,\cdots,x_n\}$ 和 $y_{\min}=\min\{y_1,y_2,\cdots,y_n\}$，并以 $(x_{\min}-2,y_{\min}-2)$ 作为该边缘组进行 Hough 变换新的原点，对应的组坐标更新为 $G'_m=\{G'_m(x'_i,y'_i)\,|\,i=1,2,\ldots,n\}$，其中 $x'_i=x_i-(x_{\min}-2)$，$y'_i=y_i-(y_{\min}-2)$，再分别计算在新的坐标原点下所有点的最大的 x 值和 y 值，分别记为 $x'_{\max}=\max\{x'_1,x'_2,\cdots,x'_n\}$ 和 $y'_{\max}=\max\{y'_1,y'_2,\ldots,y'_n\}$。则 Hough 变换的域宽和域高为别取 $\text{width}=x'_{\max}+2$，$\text{height}=y'_{\max}+2$。$\rho$ 的取值范围为

$-\sqrt{\text{width}^2+\text{height}^2} \leqslant \rho \leqslant \sqrt{\text{width}^2+\text{height}^2}$。$\theta$ 的取值为$[0,\pi]$。参考文献[107]中将参数空间量化间隔设定为$\Delta\rho=1$，$\Delta\theta=\arctan[1/\max(\text{width},\text{height})]$。

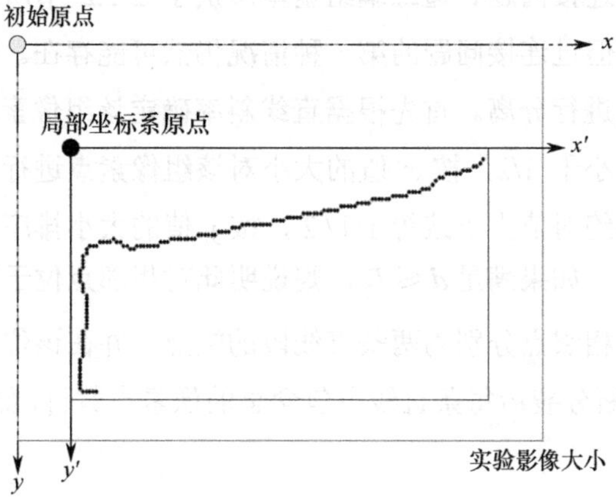

图 2-13　边缘组 Hough 变换的原点及 ρ 的取值范围

（2）依次对每个边缘组进行 Hough 变换。这是一个迭代计算的过程。下面以一个边缘组为例。先将边缘组内每个像素点分别按极坐标方程变换到参数空间，通过投票得到参数空间的累加器矩阵，然后对累加器矩阵进行峰值检测，仅选择一个最大的全局峰值。如果同时存在多个相同的最大峰值，只选择其中一个峰值。若该值大于 T_1，记录该峰值在参数空间的坐标(r, c)（r、c 分别对应 ρ、θ 的值），以及该峰值对应的边缘组内的像素点，同时将这些点从该边缘组内删除，不再参与后续的 Hough 变换。判断边缘组内总像素点的数目是否大于 T_1。如果大于 T_1，再对边缘组内剩下的点进行 Hough 变换，直到累加器矩阵的最大峰值小于 T_1 或者边缘组内总像素点的数目小于 T_1 为止。

（3）直线合并：对同一个边缘组经过 Hough 变换后得到的直线进行比较，比较各直线组的峰值坐标(r, c)。经过实验分析，同时满足$|r_i-r_j|=1$、$c_i-c_j=0$ 这两个条件的两个峰值(r_i, c_i)、(r_j, c_j)对应的像素点为同一条直线上的点，将两条直线合并。上面的条件也就是满足$|\rho(r_i)-\rho(r_j)|=\Delta\rho$、$\theta(c_i)-\theta(c_j)=0$ 这两个条件。

（4）过连接直线分离：在对边缘组进行 Hough 变换后，每个峰值对应的一组像素点理论上位于同一条直线上，但是针对图像中的物体边缘而言，它仍然可能存在过连接问题。边缘编组基本解决了 2.2.2 节所述的过连接问题的后两种情况，但过连接问题的第一种情况仍然可能存在。因此，需要进一步对过连接直线进行分离。首先根据直线斜率确定该组像素点的排序方式。如果斜率绝对值小于 1/2，按 x 值的大小对该组像素点进行从小到大排序；反之，如果斜率绝对值大于或等于$1/2$，按 y 值的大小排序。依次计算组中相邻点的距离 d，如果满足$d \leqslant T_2$，则说明此对相邻点位于同一条直线上；否则，认为这两相邻点分别为两条直线段的端点，并在该位置处对该组像素点进行分裂。判断分裂后每条直线段包含总的像素点数目，如果小于阈值 T_3，则删除该直线。

（5）最小二乘直线拟合及端点确定。经过上述步骤后得到直线提取的结果，每条直线对应一组像素点。对这些点进行最小二乘拟合，获取直线参数。同时，该组像素点的第一个像素点和最后一个像素点即为该直线段的端点。

2.3 基于梯度信息的直线提取

相位编组算法是由 Burns 在 1986 年提出的一种基于图像域的直线提取算法[48]。在传统的相位编组算法中，梯度幅值、梯度相位两个重要的概念被运用。梯度幅值是局部边缘检测的一个重要测度，反映了像元灰度变化的剧烈程度。梯度相位则反映了图像中各个像元在某局部区域内其方向是否相同或者相近，如果按照某种规则划分区域，可知某个像元落在哪个区域。相位编组算法的基本思想就是根据各像素点的梯度相位进行分组，将相邻的、梯度方向相同的点编为一个直线支持区域，然后对直线支持区域进行平面拟合，使拟合平面与其相应的平均灰度平面相交，得到的交线即为所求直线[108]，具体步骤如下：

（1）计算影像中各像素点的梯度幅值和梯度方向。

（2）根据像素点的梯度方向进行判断，把位置相邻、梯度方向相似的像素点进行边缘支持区域的归类。

（3）用边缘支持区域里的像素点的梯度幅值进行平面拟合，利用边缘支持区域和拟合平面来获得直线属性，如直线长度、对比度、方向、位置等数据。

（4）根据属性滤出每个边缘支持区域在特定方向和位置所对应的直线。

2.3.1 改进分区的相位编组的直线提取

现有相位编组算法存在两方面的问题：一方面是在编组过程中，当梯度角接近区域边界角时，角度分区量化误差，相邻的像素点产生交错编组现象，导致提取结果在区域分界线附近产生边缘断裂，分区越多，则断裂越多；另一方面是直线拟合精度的问题，重置分区及连接算法都会增加曲线边缘的概率。在重置分区后，对两种分区方式下具有不同区域编码的像素点，将其标记为直线支持区长度较长的区域编码。该过程增大了同一支持区域内的梯度方向差，会导致部分拟合直线和原边缘之间存在较大的距离。因此，文献[109]中提出一种改进分区的相位编组直线提取算法，该算法通过两次四分区划分生成交互重叠的八分区，有效地解决了区域分界线处直线提取断裂问题，后续通过相互连接的直线段对支持区域内的边缘进行拟合，实现“以直代曲”的过程，特别对于曲线边缘，可以得到较好的拟合结果。具体实现如下。

先利用 Canny 算子对影像进行边缘检测，采用 Sobel 算子 3×3 模板计算各边缘像素点的梯度方向，将梯度方向的值域按照量化方式分为几个固定区域。通过两次独立分区处理，将 0°～360° 分为 8 个交互重叠分区，如图 2-14 所示。

（1）一次分区。如图 2-14 所示，将 0°～360° 分等为 0°～90°、90°～180°、180°～270°、270°～360° 这 4 个区域，每个分区跨度为 90°，分别标记为 1、2、3、4；对每个边缘像素点，依据梯度方向，判断其属于哪个区域，对其进行相应的区域编码。对编码后的边缘像素点采用链码跟踪方法进行跟踪，生成直线支持段，确保跟踪过程中新加入的像素点与当前像素点编码相同，即对相邻的且编码相同的边缘像素点连接生成直线支持段。将长度（像素点总数）大于给定阈值 T_1 的边缘支持段用于后续的直线提取，同时，将所有长度小于阈值的边缘支持段包含的像素点保留，进行二次分区。

（2）二次分区。将 0°～360° 等分为 315°～45°、45°～135°、135°～

225°、225°～315°这 4 个区域，每个分区跨度仍为 90°，分别标记为 5、6、7、8。二次分区的分界线与一次分区的扇形中心线重合，与之对应的，一次分区的分界线与二次分区的扇形中心线重合。因此，两次分区的相邻分区存在 50%的交互重叠。依据二次分区原则，再对一次分区后保留的像素点重复之前的操作，判断其属于哪个分区，并进行编码。最后，采用同一次分区中链码跟踪的方法对编码后的边缘像素点编组生成直线支持段，将长度大于阈值 T_2 的直线支持段用于后续的直线提取。

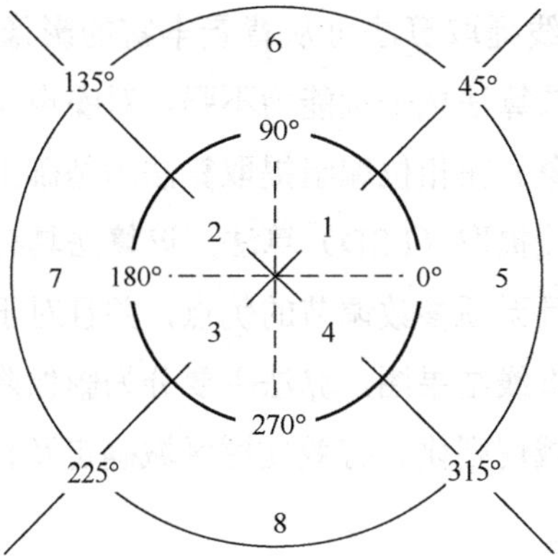

图 2-14　交互重叠分区

（3）直线拟合。跟踪后生成的直线支持段实际是由离散像素点组成的一条直线或曲线边缘。对于曲线边缘，需要进一步从中提取直线。同 2.1.3 节，采用文献[73,77]中的方法对其进行边缘分裂及直线拟合。

在一次分区后，影像上梯度方向角接近区域中心角度的像素点，能有效地通过编组得到直线支持段，但梯度方向接近区域分界线的像素点，由于量化误差的影响，易发生交错分区现象，因此很难通过编组生成长的直线支持区域，即影像上方向角接近 0°、90°、180°、270°的直线不能被有效提取，导致连续边缘断裂，直线提取结果存在漏洞。针对这个问题，算法对一次分区后剩余的边缘像素点再进行二次分区。鉴于分区编组的直线提取算法对位于区域中心的像素点能进行有效提取，而剩余的边缘点大都位于一次分区的区域分界线附近，因此，在二次分区时，将区域中心线设置为与一次分区的分界线相重合，这样能有效保证剩余像素点的直线提取效果。例如，依据一次分区划分原则，位于0°附近的连续边缘点，可能会被交错划分到1、4两个区域，而在二次分区时这些像素点会被划分到5区域。综上所述，交互重叠分区可以有效避免区域分界线处边缘断裂的问题。

2.3.2 LSD直线提取

运用相位编组直线提取算法可从背景丰富的影像中定位出准确的直线特征，但不足之处是该算法抗干扰能力不强，对噪声及灰度的变化敏感，容易发生直线断裂的现象。在相位编组提取算法的基础上，Von Gioi等人[53]提出一种快速的局部直线提取（LSD）算法，该算法具有较高的稳定性、检测效果好、计算速度快且无须参数调节的优点，并且对于现实世界中的场景通常会产生一个合理的直线结果图。算法主要分为影像降采样、直线支撑区域的提取、直线支撑区域规则化、有效支撑区域确定及直线提取4个步骤。

1. 影像降采样

为了避免边缘锯齿效应对直线提取的影响，在直线提取前对输入的影像进行高斯降采样操作。高斯函数的标准差定义为$\sigma=\Sigma/S_0$，其中$S_0=0.8$是尺度因子。设置参数Σ的值为0.6，该值可以较好地优化锯齿效应，同时也避免过模糊处理。其中80%的缩放尺度对应影像上X、Y轴两个方向上都分别缩小到原影像大小的80%，因此高斯滤波后影像的总像素点数量减少至原影像的64%，能有效消除锯齿现象。

2. 直线支撑区域的提取

利用2×2模板对每个像素点进行梯度计算，主要利用每个像素点本身及其右、下相邻的3个像素点的灰度值，这样使用尽可能少的像素点，减少了算法对梯度的依赖，也在一定程度上削弱了噪声对影像产生的干扰。具体计算公式如下：

$$g_x(x,y)=\frac{I(x+1,y)+I(x+1,y+1)-I(x,y)-I(x,y+1)}{2} \tag{2-4}$$

$$g_y(x,y)=\frac{I(x,y+1)+I(x+1,y+1)-I(x,y)-I(x+1,y)}{2} \tag{2-5}$$

其中，$I(x,y)$ 为像素点 (x,y) 的灰度值，$g_x(x,y)$、$g_y(x,y)$ 分别为像素点 (x,y) 在 x 方向、y 方向上的梯度。

像素点 (x,y) 的梯度幅值计算如式（2-6）所示。

$$G(x,y)=\sqrt{g_x^2(x,y)+g_y^2(x,y)} \tag{2-6}$$

像素点 (x,y) 的梯度方向计算如式（2-7）所示。

$$\theta=\arctan\left[\frac{g_x(x,y)}{-g_y(x,y)}\right] \tag{2-7}$$

式（2-6）和式（2-7）实际所计算的是坐标 $(x+0.5,y+0.5)$ 的梯度，而非坐标 (x,y) 处的梯度。在后续输出的矩形坐标中将对此进行补偿。

根据以上计算的梯度幅值与梯度方向，对像素点进行局部区域增长，获得直线支撑区域。由于梯度幅值大小能反映灰度值变化的快慢程度，影像上像素点灰度值的突变通常发生在地物边缘处，因此边缘处像素点的梯度幅值较大，非边缘处像素点的梯度幅值较小。为了获得较好的直线提取效果，通过设定阈值，将梯度幅值小于规定阈值的像素点剔除，其不参与直线支撑区域的构建，阈值 $\overline{\rho}$ 计算如式（2-8）所示：

$$\overline{\rho}=\nabla\tilde{I}=\frac{q}{\sin\tau} \tag{2-8}$$

其中，q 为梯度误差的上限，τ 为区域增长过程中角度差值的上限。在实际应用中，通常取 $q=2$。

基于区域增长的直线支撑区域提取的具体过程如下：首先选取梯度幅值最大的像素点作为初始种子点，将其梯度方向设置为直线支撑区域的初始方向，在区域增长过程中，将梯度方向与直线支撑区域方向差值小于阈值 τ 的点加入，每加入一个满足条件的点，直线支撑区域的方向角度更新一次，直线支撑区域方向角度计算如式（2-9）所示：

$$\arctan\left(\frac{\sum_j \sin\theta_j}{\sum_j \cos\theta_j}\right) \tag{2-9}$$

其中，索引 j 为遍历区域内的像素点，通常取 $\tau=\dfrac{\pi}{8}$，直到直线该支撑区域内没有新的像素点加入则停止迭代，区域增长过程如图 2-15 所示。

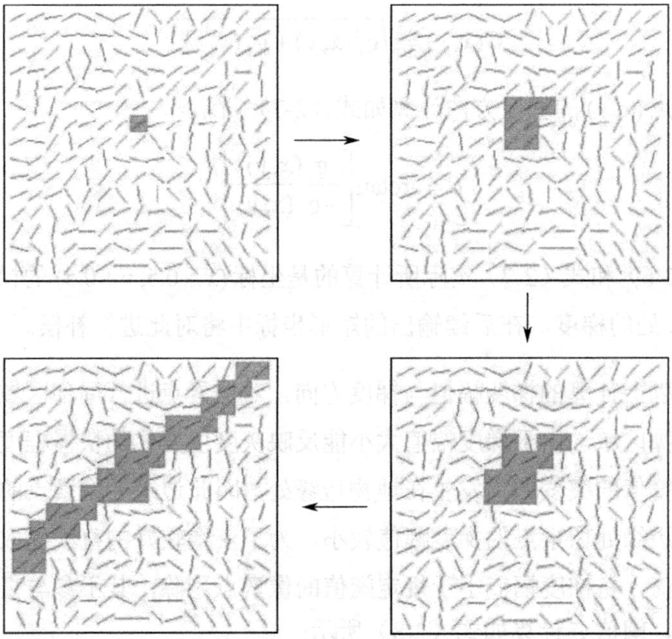

图 2-15　区域增长过程

3. 直线支撑区域规则化

通过上述区域增长得到了提取直线的候选支撑区域，再确定每个候选支撑区域是否有意义，需要对其进行矩形规则化，即提取与该支撑区域相关的矩形。该过程将每个候选支撑区域看作一个实体，其中将每个像素点的梯度看作质点，将候选支撑区域的质心作为矩形的中心，矩形的主方向为候选支撑区域的主惯性轴方向，进而得到覆盖整个支撑区域的最小矩形，如图 2-16 所示。

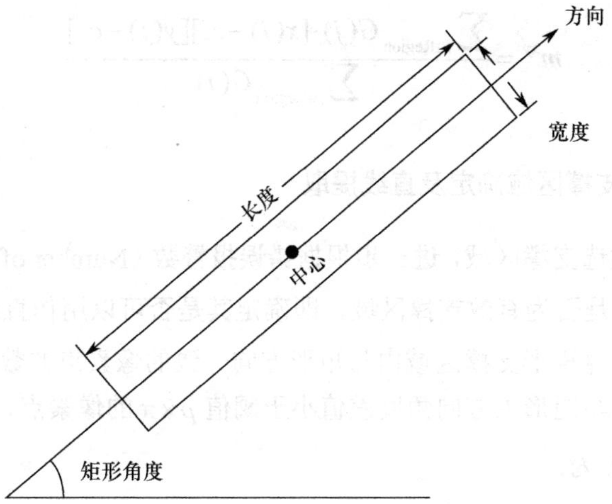

图 2-16　直线支撑区域规则化

矩形中心 (c_x,c_y) 的计算公式如下：

$$c_x = \frac{\sum_{j\in \text{Region}} G(j)\cdot x(j)}{\sum_{j\in \text{Region}} G(j)} \tag{2-10}$$

$$c_y = \frac{\sum_{j\in \text{Region}} G(j)\cdot y(j)}{\sum_{j\in \text{Region}} G(j)} \tag{2-11}$$

其中，$G(j)$ 是区域内像素点 j 的梯度值。矩形的主方向角被设置为与矩阵 $\boldsymbol{M}$ 最小特征值相关的特征向量的角度，矩阵 $\boldsymbol{M}$ 为

$$\boldsymbol{M} = \begin{pmatrix} m^{xx} & m^{xy} \\ m^{xy} & m^{yy} \end{pmatrix} \tag{2-12}$$

其中，m^{xx}、m^{yy}、m^{xy} 的计算如式（2-13）、式（2-14）、式（2-15）所示：

$$m^{xx} = \frac{\sum_{j\in \text{Region}} G(j)\cdot [x(j)-c_x]^2}{\sum_{j\in \text{Region}} G(j)} \tag{2-13}$$

$$m^{yy} = \frac{\sum_{j\in \text{Region}} G(j)\cdot [y(j)-c_y]^2}{\sum_{j\in \text{Region}} G(j)} \tag{2-14}$$

$$m^{xy}=\frac{\sum_{j\in \text{Region}}G(j)\cdot[x(j)-c_x][y(j)-c_y]}{\sum_{j\in \text{Region}}G(j)} \tag{2-15}$$

4. 有效支撑区域确定及直线提取

对每个候选支撑区域，进一步根据错误报警数（Number of False Alarms，NFA）判断其是否为有效支撑区域，即确定其是否可以用作直线提取的支撑区域。首先计算矩形支撑区域内与矩形方向一致的像素点的数目 k，即像素点的梯度方向与矩形主方向角度差值小于阈值 $p\times\pi$ 的像素点，则矩形 r 的错误报警数 NFA 为：

$$\text{NFA}(r)=(N\times M)^{5/2}\times\gamma\cdot B(n,k,p) \tag{2-16}$$

$$B(n,k,p)=\sum_{j=k}^{n}\binom{n}{j}p^{j}(1-p)^{n-j} \tag{2-17}$$

其中，n 为矩形内像素点总数目，N 和 M 为高斯滤波后影像的行数和列数。

每一项 $\binom{n}{k}$ 用伽马函数计算如下：

$$\binom{n}{k}=\frac{\Gamma(n+1)}{\Gamma(k+1)\cdot\Gamma(n-k+1)} \tag{2-18}$$

式（2-16）、式（2-17）中，p 的初始值设置为 τ/π，p 可取 γ 个不同的值，这里 $\gamma=11$。

若满足条件 $\text{NFA}(r)\leqslant\varepsilon$（设置 $\varepsilon=1$），则认为该矩形支撑区域为有效的直线支撑区域，可提取直线。

2.4 实验结果与分析

2.4.1 不同直线提取算法对比分析

本节分别采用 Hough 变换、链码、梯度信息 3 类直线提取算法中 7 种具有代表性的算法对如图 2-17～图 2-20 所示的 4 幅原始影像进行直线提取实验。图 2-17（a）、图 2-20（a）为近景影像，包含丰富的曲线特征；图 2-18（a）、图 2-19（a）为建筑物的航空影像和近景影像，其中，航空影像包含建筑物、道路、树木等丰富的地物信息，近景影像以建筑物立面信息为主，二者都包含丰富的直线特征。原始影像、边缘检测及直线提取结果分别如图 2-15～图 2-20 中对应的（a）～（i）所示，按顺序依次为原始影像、边缘检测结果、传统 Hough 变换[17]、改进 Hough 变换[105]、BL（Blob-based Line Detection）算法[39]、文献[24]中的算法（链码跟踪分裂）、Burns 算法[48]、改进相位编组算法[109]和 LSD 算法[53]的直线提取结果。实验图像及 LSD 运行结果来自 ipol.im 网站。不同算法直线提取数目结果统计如表 2-1 所示，第 1 列为影像/算法，其余各列为不同算法提取直线的数目，其中，第 5 列包含两组数据，前面为链码跟踪得到边缘链码的数目，后面为对边缘链码进行直线拟合后得到的拟合直线的总数目。因为链码拟合的连续性及对细节的保留，所以拟合直线数目相对较多。此外，不同算法参数设置不同，如提取特征直线的最小长度阈值不同，对提取直线数目影响较大。同时，直线提取数目还与直线提取的连续性、提取结果中直线的长度均相关，因此单一通过直线提取数目对不同算法进行对比分析的意义不大，需要结合直线提取效果对不同算法进行对比分析。

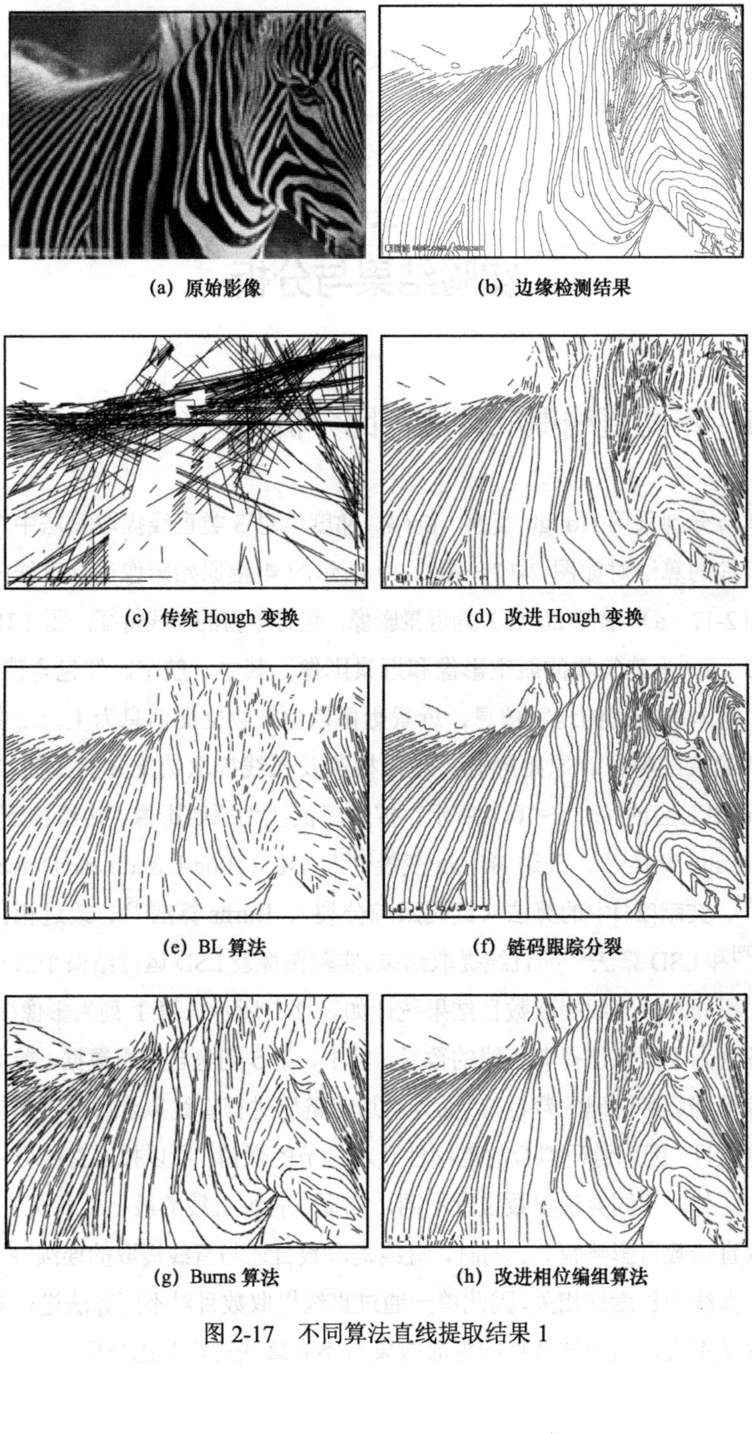

(a) 原始影像　(b) 边缘检测结果

(c) 传统 Hough 变换　(d) 改进 Hough 变换

(e) BL 算法　(f) 链码跟踪分裂

(g) Burns 算法　(h) 改进相位编组算法

图 2-17　不同算法直线提取结果 1

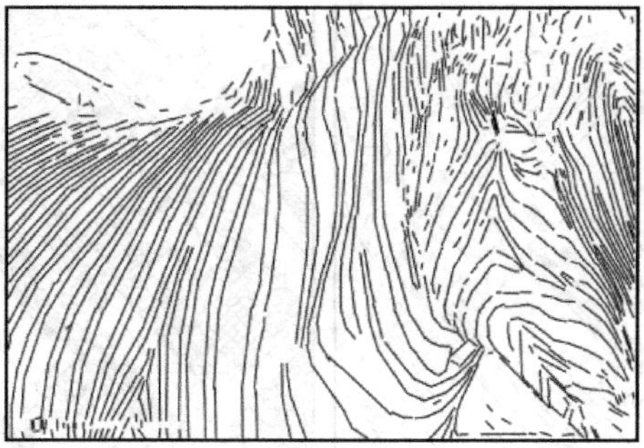

(i) LSD 算法

图 2-17　不同算法直线提取结果 1（续）

(a) 原始影像

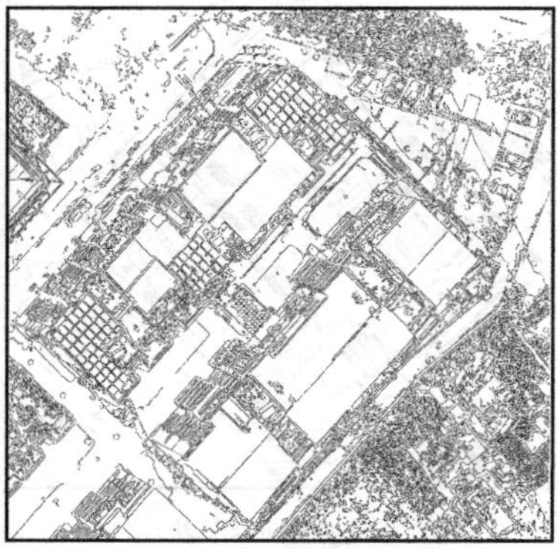

(b) 边缘检测结果

(c) 传统 Hough 变换

(d) 改进 Hough 变换

图 2-18　不同算法直线提取结果 2

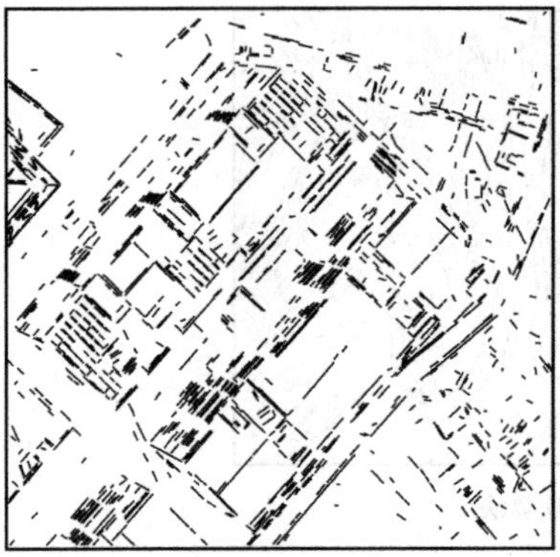

(e) BL 算法

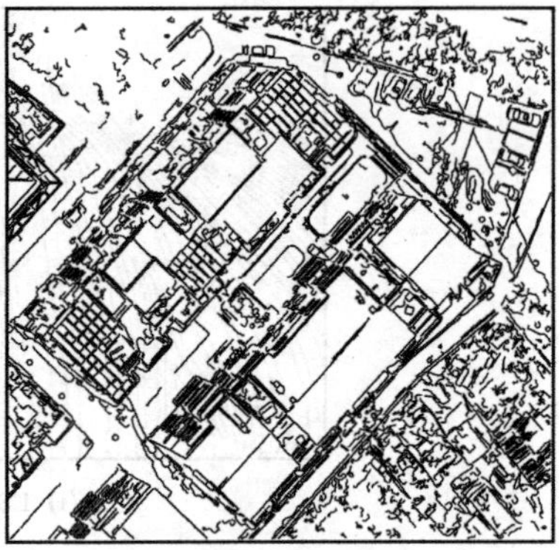

(f) 链码跟踪分裂

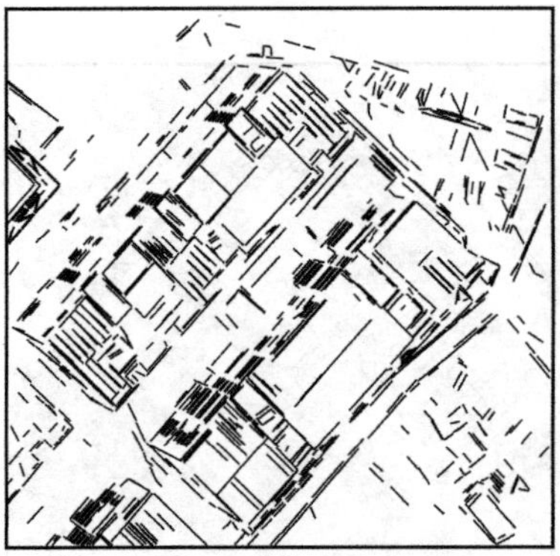

(g) Burns 算法

(h) 改进相位编组算法

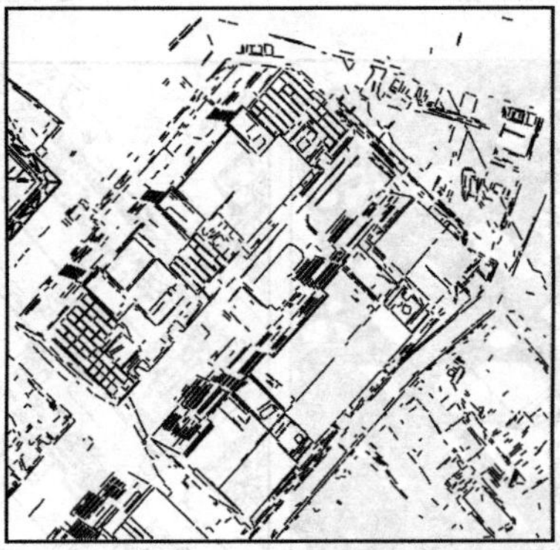

(i) LSD 算法

图 2-18　不同算法直线提取结果 2（续）

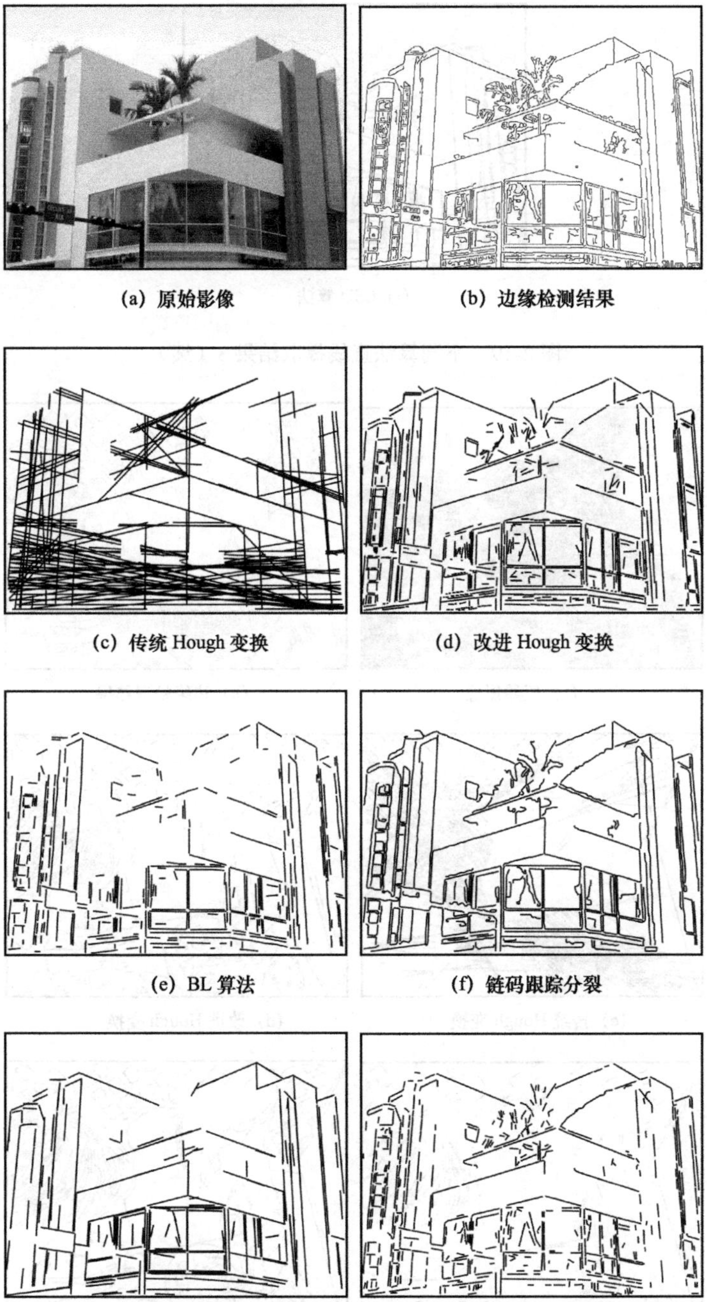

(a) 原始影像　(b) 边缘检测结果

(c) 传统 Hough 变换　(d) 改进 Hough 变换

(e) BL 算法　(f) 链码跟踪分裂

(g) Burns 算法　(h) 改进相位编组算法

图 2-19　不同算法直线提取结果 3

(i) LSD 算法

图 2-19　不同算法直线提取结果 3（续）

(a) 原始影像

(b) 边缘检测结果

(c) 传统 Hough 变换

(d) 改进 Hough 变换

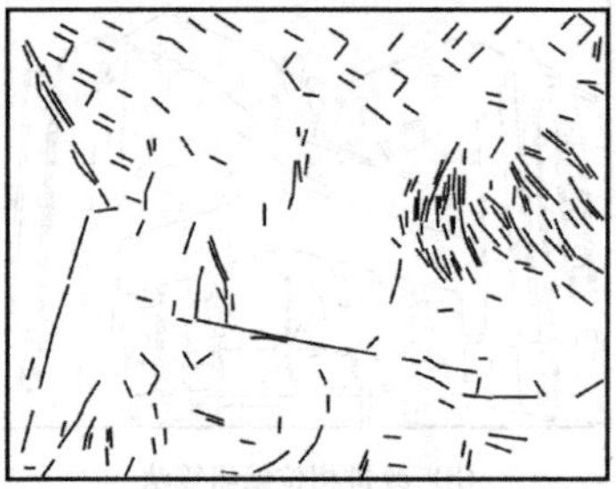

(e) BL 算法

(f) 链码跟踪分裂

图 2-20　不同算法直线提取结果 4

(g) Burns 算法　　(h) 改进相位编组算法

(i) LSD 算法

图 2-20　不同算法直线提取结果 4（续）

从实验结果可以看出：传统 Hough 变换算法提取的直线存在严重的过连接问题，提取的直线与图像上的特征线不符。改进 Hough 变换算法的提取结果较为理想，有效地解决了传统 Hough 变换中的准确性问题。BL 算法直线提取结果存在断裂问题，这是因为 BL 算法利用链码跟踪生成的方向码进行约束，其中仅考虑单方向码和相邻两方向码这两种情况，受噪声影响较大，同时该算法判据较多，过程较为复杂。由于不受跟踪方向码的限制，链码跟踪得到的边缘特征具有较好的连续性，因此该方法不仅能提取直线边缘，还能较好地提取曲线边缘。Burns 算法由于直线长度阈值设置得相对较大，因此提取直线的数目相对较少，其对于影像上直线边缘的提取结果要好于曲线边缘，提取结果中部分相邻的直线会存在交错现象。改进相位编组算法实际上属于链码和相位编组相结合的一种方式，受噪声影响，该方法对于包含曲线特征相对较多的影像，其边缘提取效果要好于 Burns 算法，但对于建筑物等人工地物的直线边缘，断裂现象较为明显。与其他算法相比，LSD 算法能快速提取直线，运行时间受影像大小影响较小。LSD 算法并非对所有实验影像都表现出最好的直线提取结果，但其具有较好的稳健性，对不同类型、不同特征的影像进行提取都体现出较好的稳健性，参数适应性较好。

表 2-1　不同算法直线提取数目结果统计

影像/算法	基于 Hough 变换直线提取		基于 Freeman 链码直线提取		基于梯度信息的直线提取		
	传统 Hough 变换	改进 Hough 变换	BL 算法	链码跟踪分裂	Burns 算法	改进相位编组算法	LSD 算法
图 2-15（a）	599	1521	872	228/3428	889	1336	1063
图 2-16（a）	14304	6076	1503	1872/15685	1281	4592	2492
图 2-17（a）	195	604	384	165/1041	279	617	449
图 2-18（a）	268	752	249	218/1643	325	805	648

2.4.2　不同算法抗噪性分析

为了验证不同直线提取算法的抗噪性，首先在原始影像中加入“椒盐噪声”，参数分别设置为 0.02 和 0.15，然后利用不同直线提取算法对原始影像和噪声影像进行直线提取，结果如图 2-21 所示，从左到右依次为实验影像（原始影像、噪声影像 1、噪声影像 2）、改进 Hough 变换算法[105]、BL 算法[39]、Burns 算法[48]、LSD 算法[53]和改进相位编组算法[109]的直线提取结果。不同算法直线提取数目结果统计如表 2-2 所示。从图 2-21 和表 2-2 可以看出，对于噪声较严重的影像而言，改进 Hough 变换算法提取的结果中存在较多错误直线，其他算法均提取到较少数目的直线，未能有效地提取到特征直线。对于小噪声影像，除 BL 算法、Burns 算法外，其他 3 种算法都表现出一定的抗噪性，特别是改进 Hough 变换算法，对原始影像和小噪声影像的提取结果差别不大。

原始影像　改进Hough变换算法　BL算法　Burns算法　LSD算法　改进相位编组算法

(a) 原始影像的直线提取

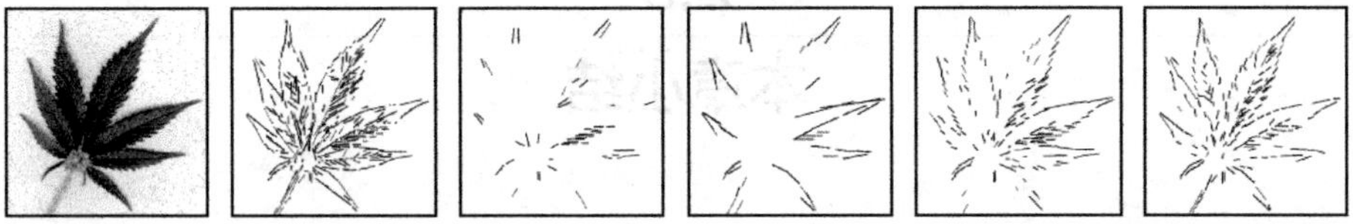

噪声影像一　改进Hough变换算法　BL算法　Burns算法　LSD算法　改进相位编组算法

(b) 噪声影像1的直线提取

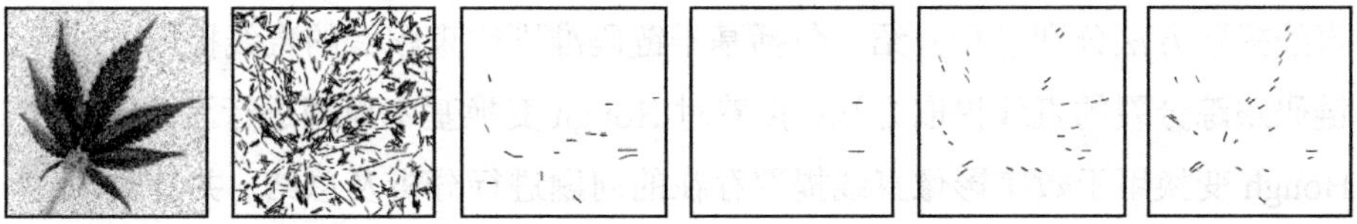

噪声影像二　改进Hough变换算法　BL算法　Burns算法　LSD算法　改进相位编组算法

(c) 噪声影像2的直线提取

图 2-21　对原始影像及噪声影像采用不同算法的直线提取结果

表 2-2　不同算法直线提取数目结果统计

影像/算法	改进 Hough 变换算法	BL 算法	Burns 算法	LSD 算法	改进相位编组算法
图 2-19（a）	348	98	66	212	313
图 2-19（b）	336	49	53	159	202
图 2-19（c）	1014	17	2	25	27

2.5 本章小结

本章对现有的三大类直线提取算法的基本理论进行了阐述。首先介绍了Freeman 链码定义及直线链码准则，在此基础上对两种基于 Freeman 链码的直线提取方法分别进行介绍，包括基于链码准则约束跟踪的直线提取方法、链码跟踪分裂的直线提取方法；接着对 Hough 变换基本原理进行了介绍，对Hough 变换用于数字影像直线提取存在的问题进行分析及总结，并针对现存问题介绍了一种结合边缘编组的 Hough 变换直线提取算法；其次对相位编组直线提取方法及其改进方法进行了介绍；最后选取三大类直线提取算法中7 种具有代表性的算法对几幅影像进行直线提取实验，对实验结果进行分析，同时对其中部分算法进行抗噪性测试，得出如下结论：改进 Hough 变换算法、链码跟踪分裂拟合算法、LSD 算法直线提取效果相当，其中，改进 Hough变换算法抗噪性更优，链码跟踪分裂拟合算法提取的直线具有较好的连贯性及细节表达，LSD 算法的通用性更好且效率最高。

第3章

面向立体影像直线匹配的基本理论

面向立体影像的特征匹配是数字摄影测量及计算机视觉领域的一项关键核心技术，其主要应用于建立三维仿真模型、对象识别与检索、实时定位与场景地图构建等领域，它的目的是，对覆盖同一场景的两幅或多幅影像上的同名特征建立同名对应关系。图像特征主要包括点、线、面3种，特征点作为最常用的图像特征之一，由于其个体独立性，相较于其他特征更易于匹配，且其具有强大的核线约束条件，能将二维搜索降低到一维，大大降低了匹配搜索范围，提高了点匹配的效率及可靠性，并且在点描述符的构建中，可确保同名点的完全对应。相较于面特征，线特征的提取和描述难度较小。直线作为把握地物整体信息的直观且重要的局部特征，其包含更丰富的特征信息，特别是在建筑物等直线特征明显的人造场景中，线成为目标描述的重要几何特征。

同点匹配一致，直线匹配可以看作一个搜索过程。以一组立体影像为例，选择其中一幅影像作为参考影像，另一幅影像作为搜索影像。假定从参考影像和搜索影像中提取的直线数目分别为a和b。选取参考影像上的任意一条直线l_i进行匹配，l_i称为参考直线，可将搜索影像上所有直线或满足约束条件的部分直线看作候选直线。分别计算参考直线和搜索影像上每条候选直线之间的相似性测度ρ，选择其中大于给定阈值的最大相似性测度值对应的候选直线为参考直线的同名直线，即当$\rho(l_i,l'_k)=\max\ \{\rho(l_i,l'_j)$，$j=1,2,3,\cdots,c$；$c\leqslant b\}$；$(i=1,2,3,\cdots a)$时，$(l_i,l'_k)$被认为是一对同名直线。$\rho(l_i,l'_j)$表示参考影像上的直线$l_i$和搜索影像上的直线$l'_j$之间的相似性测度值。从上述过程可以看出，直线匹配主要涉及匹配约束、邻域窗口确定、描述符构建、相似性测度计算几个主要方面，本章将分别对其进行介绍。

3.1
匹配约束

立体影像中的直线匹配过程往往需要结合一定的约束条件来确定候选直线的范围，匹配约束条件不仅保证了候选直线搜索范围的合理性，同时还影响着算法的运行效率，以及匹配结果的准确程度。目前，同名点约束、核线约束、三角网约束及单应矩阵约束是常用的几何约束条件，对缩小匹配范围、确定候选直线有一定的帮助。

3.1.1　同名点约束

同名点约束可分为直接约束和间接约束两种，前者直接利用同名点与直线间的相对位置关系约束匹配候选直线[80,110]；后者则利用同名点构建图形约束，或者利用同名点求解局部（或整体）影像间的仿射变换矩阵或单应矩阵，用于约束匹配候选直线。该约束的前提是，要确保一定数量可靠的同名点。现有的同名点约束可归为以下 3 种形式。

1．基于同名点构建虚拟直线段约束

依据点—线间的仿射不变性，文献[80]中以参考影像上参考直线两侧邻域范围内最近的同名点为基准，以其对应在搜索影像上的同名点连线构建的虚拟直线段确定匹配候选直线，具体实现过程如下：

如图 3-1（a）和图 3-1（b）所示，在已有同名点的基础上，先分别确定

参考影像上参考直线段L_1两侧最邻近的匹配点u、v，对应搜索影像上两同名点分别为u'、v'。在参考影像上以u、v为端点可形成一条虚拟直线段L_2，L_2与直线段L_1必相交，在对应的搜索影像上以u'、v'为端点可形成一条虚拟直线段L_2'。在理想条件下，直线段L_1的同名直线段必与L_2'相交，因此搜索影像上与L_2'相交的直线段为L_1的匹配候选直线。如图 3-1（b）所示，L_1'为候选直线。

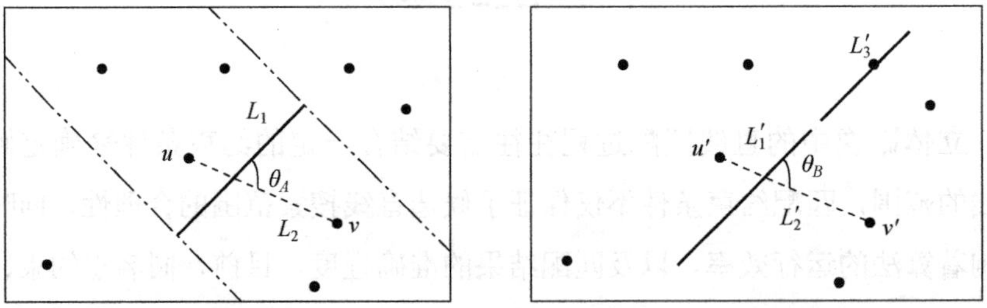

图 3-1　利用同名点构建虚拟直线段约束匹配候选

2. 基于同名点构建邻域区域约束

直线提取结果可能存在断裂的情况，如图 3-1（b）中L_3'所示。在这种情况下，上述虚拟直线段约束会产生正确的匹配候选被漏选的情况。鉴于此，考虑基于同名点构建邻域区域约束匹配候选。在上述虚拟直线段构建的基础上，以虚拟直线段为参考基准建立矩形候选区。以图 3-2（a）中虚拟直线段L_2'为例，矩形候选区的两条边平行于直线段L_2'且与直线段L_2'的长度相等，矩形另外两条边垂直于直线段L_2'且与参考影像上直线段L_1的覆盖范围长度相同，即该矩形区域的位置由同名点u'、v'的位置确定，尺寸由直线段L_1、L_2'的长度确定。

利用同名点构建矩形区域约束匹配候选具体实现过程如下：依次遍历搜索影像上所有提取的直线段，根据直线段与矩形的关系确定候选直线。如图 3-2（b）所示，部分或者整体出现在矩形区域内的直线段均为参考直线的候选直线。具体算法实现如下：对任意一条直线段L，先将其离散为固定单位间隔为Δ的点。如图 3-3 所示，假定$\Delta=1$个像素，L的两个端点分别为

$c(x_1,y_1)$和$d(x_2,y_2)$，斜率为k，在直线段L上每隔 1 单位长度的点的横坐标为$x=x_1+na$，$n=1,2,3,\cdots,\text{ceil}[(x_2-x_1)/a]$，其中，ceil( )表示向下取整，$a$由式（3-1）计算得到，纵坐标由横坐标$x$依次代入$L$的直线方程求得。然后判断直线段上离散点是否位于矩形区域内，如果其中至少一点在矩形区域内，那么该直线段L即为参考直线的候选匹配直线。

$$\left.\begin{aligned} k &= \tan\theta \\ \tan\theta &= \frac{\sqrt{\Delta-a^2}}{a} \end{aligned}\right\} \Rightarrow a=\frac{\Delta}{\sqrt{k^2+1}} \tag{3-1}$$

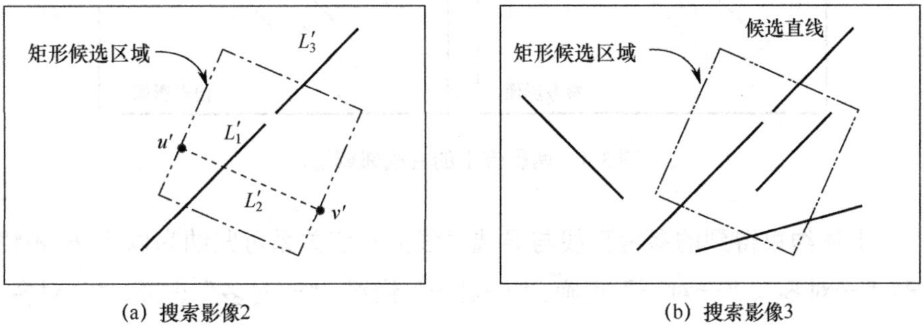

图 3-2　利用同名点构建矩形区域约束匹配候选

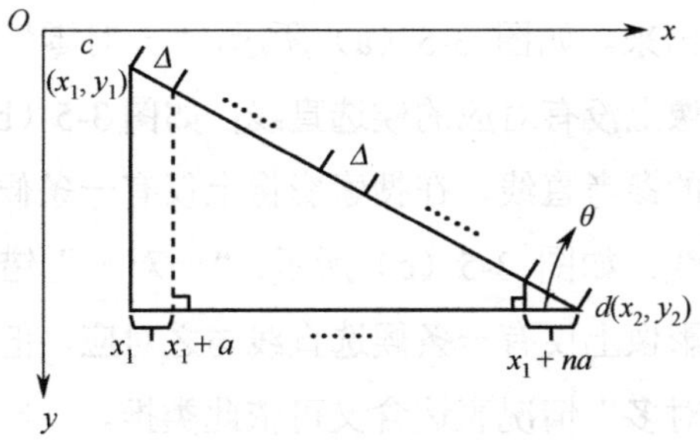

图 3-3　直线段离散化

3. 基于同名点与直线段相对位置关系约束

基于同名点与直线段相对位置关系约束可通过简单的直线段邻域窗口来实现。如图 3-4 所示，参考影像上以参考直线l_1^m为中心建立邻域窗口，邻域窗口宽度为$2w+1$，其中，w可根据实验分析设置一个理想值。判断参考影像上哪些同名点位于该窗口内，再对应到搜索影像上，判断哪些直线段邻域窗口内（窗口宽度同样为$2w+1$）存在这些同名点。当其邻域窗口内存在的同名点数目≥1时，则认为该直线段为参考直线段的候选匹配。

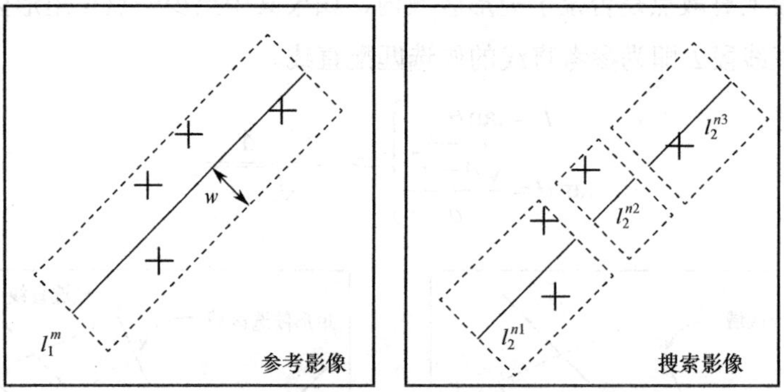

图 3-4　两影像上的直线邻域窗口

上述约束得到的参考直线与候选直线的对应关系可归纳为以下 6 种情况：“一对零”、“一对一”正确、“一对一”错误、“一对多”正确、“一对多”错误、“一对多”正确和错误同时存在。分别如图 3-5 所示，为了更好地确定候选直线正确与否，即是否为参考直线的同名直线，图 3-5 中将直线邻域内的同名点同时显示出来。如图 3-5（a）所示，“一对零”即参考影像上的参考直线，在搜索影像上没有对应的候选直线；如图 3-5（b）所示，“一对一”正确即参考影像上的参考直线，在搜索影像上仅有一条候选直线与之对应，且该直线为同名直线；如图 3-5（c）所示，“一对一”错误即参考影像上的参考直线，在搜索影像上仅有一条候选直线与之对应，但该直线不是同名直线；其他 3 种“一对多”情况表达含义可依此类推。

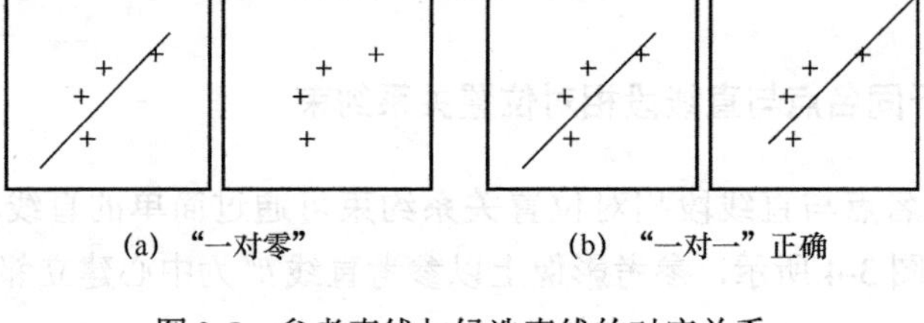

(a)“一对零”　　(b)“一对一”正确

图 3-5　参考直线与候选直线的对应关系

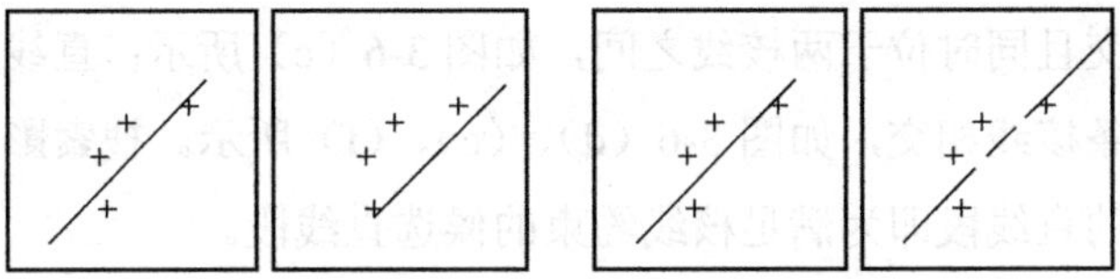

(c)“一对一”错误　　(d)“一对多”正确

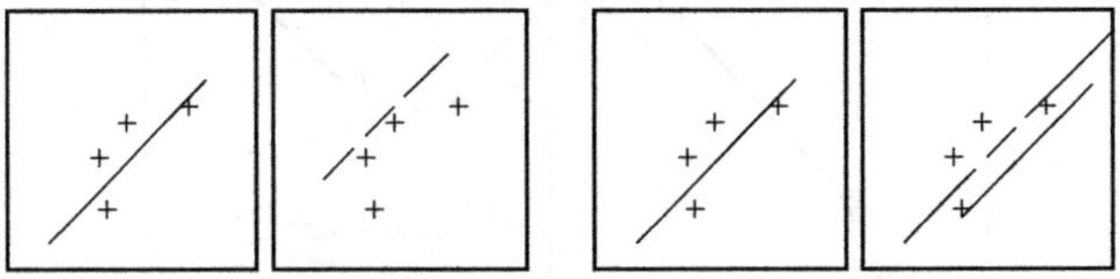

(e)“一对多”错误　　(f)“一对多”正确和错误同时存在

图 3-5　参考直线与候选直线的对应关系（续）

3.1.2　核线约束

核线约束在摄影测量及计算机视觉领域有着举足轻重的作用，是立体像对匹配过程中一个强有力的约束条件。基于同名点位于同名核线上的基本理论，在点匹配过程中可将候选匹配的搜索范围从二维降到一维。与点特征匹配相比，直线匹配的难点之一是，缺乏有效的从二维降到一维的搜索范围约束。但基于参考直线段的两个端点，可以将候选匹配限定到两个端点对应在搜索影像上的核线范围内。此外，在直线匹配过程中，核线常被用来计算两影像上对应直线段的同名端点，以及匹配候选直线间的假定重叠区域。在直线几何属性计算的过程中，如角度计算，多以核线为参考基准，可有效避免影像间存在旋转变化对匹配产生的影响。

本节主要介绍如何利用直线段端点的核线来确定候选直线，其他方面的应用将在后续章节进行详细介绍。如图 3-6 所示，L 和 L' 分别为两影像上的参考直线段和搜索直线段，两直线段端点分别为 a、b 和 c、d。计算参考直线两端点 a、b 在搜索影像上对应的同名核线，记为 H_a、H_b。搜索影像上直线段与两核线的几何关系存在如图 3-6 中所示的 3 种情况：即直线段与两核线不相交且同时位于两核线的同一侧，如图 3-6（a）、（b）所示；直线段与两核线不相交且同时位于两核线之间，如图 3-6（c）所示；直线段至少与两核线中的一条核线相交，如图 3-6（d）、（e）、（f）所示。搜索影像满足上述后两种情况的直线段即为满足核线约束的候选直线段。

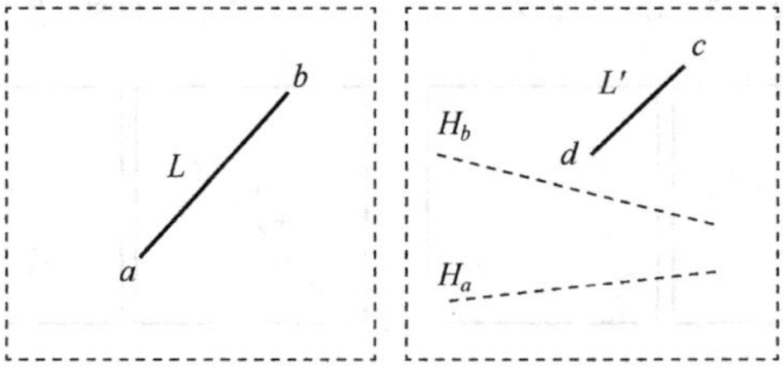

(a) 直线段与两核线不相交且同时位于两核线同一侧 1

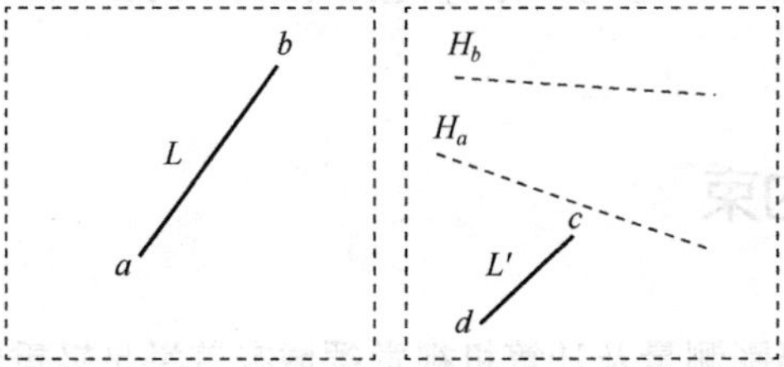

(b) 直线段与两核线不相交且同时位于两核线同一侧 2

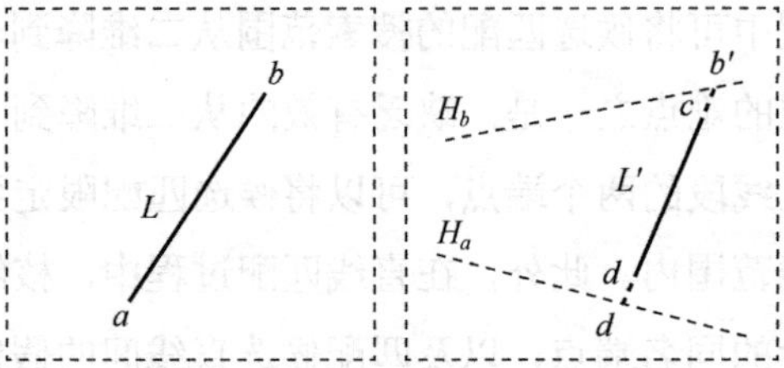

(c) 直线段与两核线不相交且同时位于两核线之间

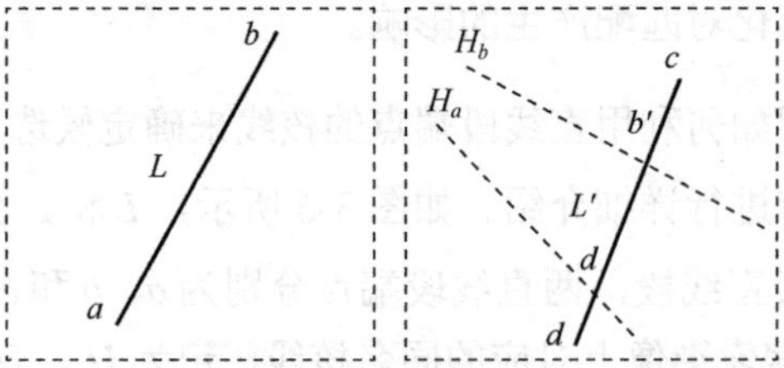

(d) 直线段至少与两核线中的一条核线相交 1

图 3-6　核线约束

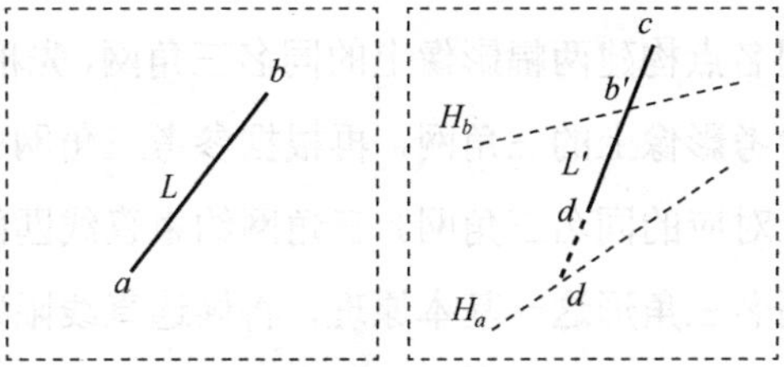

(e) 直线段至少与两核线中的一条核线相交 2

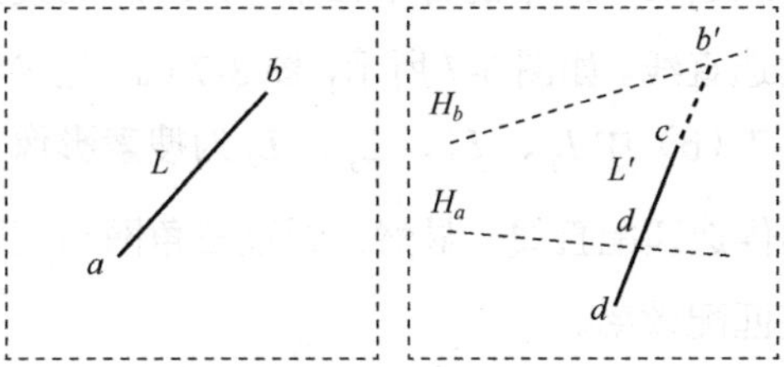

(f) 直线段至少与两核线中的一条核线相交 3

图 3-6　核线约束（续）

3.1.3　三角网约束

TIN（Triangulated Irregular Net）即不规则三角网，Delaunay 三角网是其中的一种表现形式。Delaunay 三角网是由一系列相连但不重叠的三角形构成的集合，其中任意一个三角形的外接圆不包含其他三角形的顶点。Delaunay 三角网在众多领域都有非常广泛的应用。在 GIS 应用领域，Delaunay 三角网常被用于生成不规则三角网模型，描述地表形态。此外，在图像处理及智能识别领域，Delaunay 三角网也有很大的优势，特别是在数字影像匹配方面，Delaunay 三角网在约束匹配候选、约束准稠密匹配方面有着广泛的应用。

三角网约束直线匹配是基于同名点构建图形约束的一种方法。在获得两幅影像同名点的基础上，根据同名点的分布情况构建两幅影像上具有对应关系的同名三角网，同时将三角网赋予顶点视差信息。Delaunay 三角网被视为最基本的一种网络，适用于不规则分布的离散同名点数据，常用的 Delaunay 三角网生成算法主要包括[111]：分治法、逐点插入法、TIN 生长法、波前法。

利用已有的同名点构建两幅影像上的同名三角网，先根据 Delaunay 三角网生成算法生成参考影像上的三角网，再根据参考三角网中三角形的顶点对应得到搜索影像上对应的同名三角网。三角网约束直线匹配是基于理想条件下同名直线经过同名三角形这一基本原理，将候选直线限定到参考直线所在三角形的同名三角形中。具体步骤为：对参考影像上任意一条待匹配的参考直线，首先判断其经过三角网中的哪个三角形，对应的搜索影像上同名三角形经过的直线为候选直线。如图 3-7 所示，图 3-7（a）是参考影像上直线 L 经过的三角形，图 3-7（b）中 L_1、L_2、L_3、L_4 为搜索影像上同名三角形内经过的直线，为 L 的候选匹配直线。显然，通过三角网约束可以减少匹配候选的搜索范围，提高匹配效率。

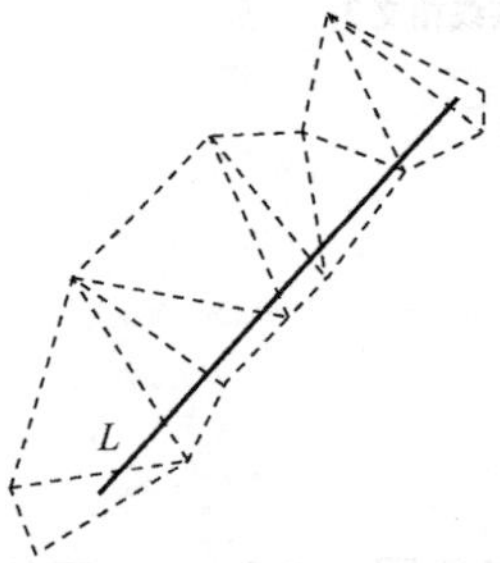

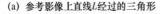

(a) 参考影像上直线L经过的三角形

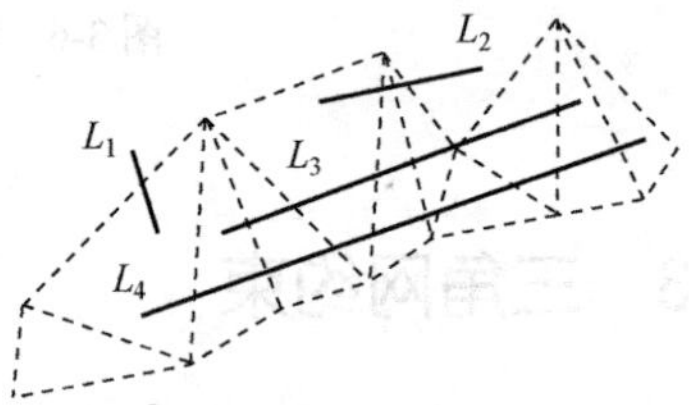

(b) 搜索影像上同名三角形内经过的直线及候选直线

图 3-7　三角网约束

3.1.4　单应矩阵约束

单应矩阵描述两个平面之间的映射关系。若将场景中位于同一平面上的点在两幅影像上成像的同名点坐标记为 $\boldsymbol{u}=[x_L,y_L]^{\mathrm{T}}$，$\boldsymbol{v}=[x_R,y_R]^{\mathrm{T}}$，则 $\boldsymbol{u}$ 点可通过式（3-2）变换到 $\boldsymbol{v}$ 点。

$$\begin{bmatrix} x_R \\ y_R \\ 1 \end{bmatrix} = \begin{bmatrix} h_{11} & h_{12} & h_{13} \\ h_{21} & h_{22} & h_{23} \\ h_{31} & h_{32} & h_{33} \end{bmatrix} \begin{bmatrix} x_L \\ y_L \\ 1 \end{bmatrix}, \quad \boldsymbol{H} = \begin{bmatrix} h_{11} & h_{12} & h_{13} \\ h_{21} & h_{22} & h_{23} \\ h_{31} & h_{32} & h_{33} \end{bmatrix} \tag{3-2}$$

其中，$\boldsymbol{H}$ 为单应矩阵。因此，利用同名点求解两幅影像间的单应矩阵可以建立两幅影像同名特征间的对应关系，如图 3-8 所示。对于实际影像而言，一般都存在地形起伏或者景深变换，因此，全局单应矩阵难以准确地获得两幅影像同名特征之间的对应关系。在这种情况下，同样可以利用全局单应矩阵将参考影像上的特征映射到搜索影像上其同名特征的邻域范围内。该过程也可以将全局对应关系转为局部对应关系，利用参考直线及其邻域的同名点计算参考直线所在局部区域影像之间的局部单应矩阵，概略估计参考直线与候选直线的对应范围，以此限定候选直线的搜索范围。

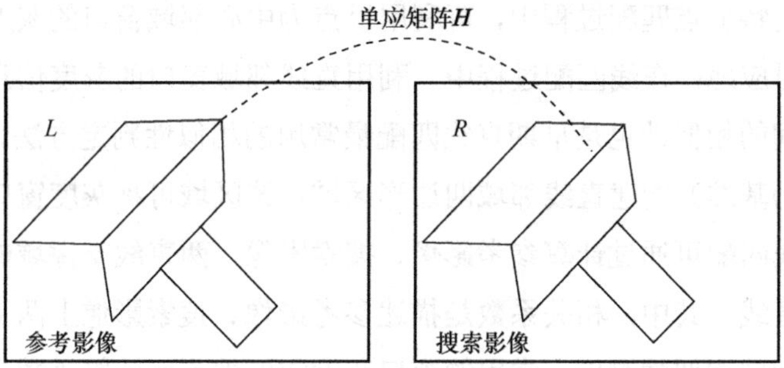

图 3-8　单应矩阵约束

3.2 领域窗口确定

在传统特征点匹配过程中，可利用以点为中心邻域窗口的灰度信息确定同名点。对应地，在线匹配过程中，利用直线邻域窗口的灰度信息计算假设匹配直线间的相似性也是早期直线匹配最常用的相似性判定方法。以直线为中心（或为基准）构建直线邻域四边形区域，该区域可称灰度窗口或直线支撑域，直线匹配可通过计算参考影像、搜索影像上两直线支撑域的灰度信息匹配同名直线。其中，相关系数是描述参考影像、搜索影像上两支撑域内灰度信息之间的相似性测度，常用的窗口灰度相似性测度计算函数包括归一化互相关（Normalized Cross-Correlation，NCC）、绝对误差和（Sum of Absolute Difference，SAD）、误差平方和（Sum of Squared Differences，SSD）等。现有的基于窗口灰度相关信息主要有以下 3 种形式。

3.2.1 灰度窗口

在已知参考直线和候选直线对应的重叠段的基础上，分别构建两直线对应的直线支撑域，具体构建过程如下：

假定参考直线 L，与候选直线对应的重叠段长度为 w，以其为中心建立如图 3-9（a）所示长为 w 个像素，宽为 $2r+1$ 个像素的矩形直线支撑域为参考直线支撑域，可将其分解为 $2r+1$ 条等长的平行直线，每条直线代表一行像素，如图 3-9（b）所示。为了确保同名直线支撑域为对应的同质区域，根据参考直线支撑域四角点及候选直线重叠段端点确定搜索影像上候选直线支撑域。如图 3-10 所示，分别计算参考直线支撑域四角点 1、2、3、4 在搜索影像上的核线，得到核线 H_1、H_2、H_3、H_4。核线与过候选直线端点并与候选直线垂直的直线的交点为对应的候选直线支撑域四角点 1′、2′、3′、4′。

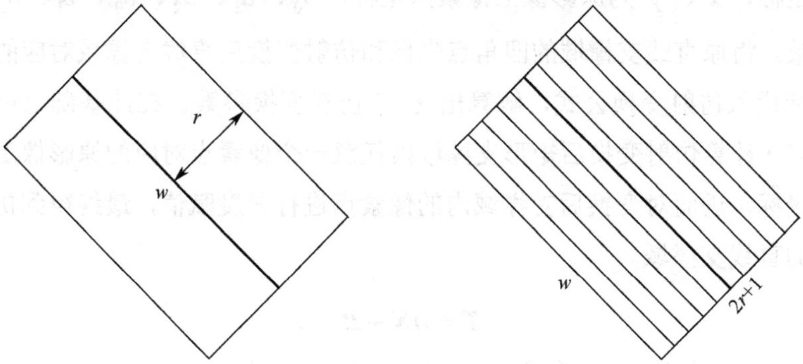

(a) 直线平行支撑域　　(b) 支撑域分解

图 3-9　直线支撑域

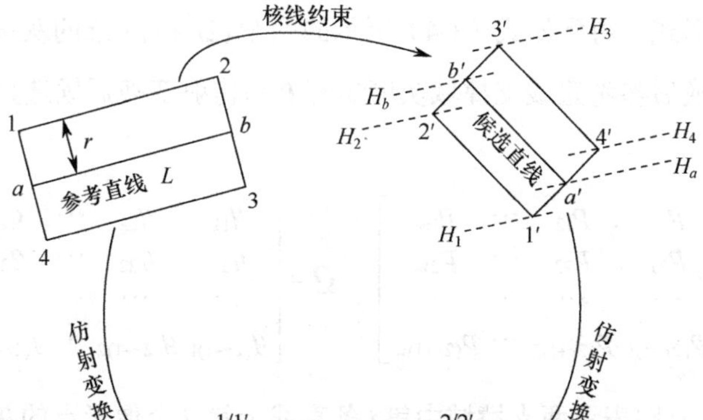

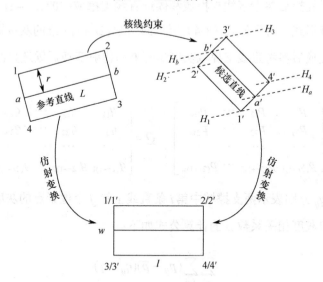

图 3-10　同名支撑域确定及仿射变换

由于两幅影像上参考直线支撑域和候选直线支撑域位置、方向、尺度、大小不同，不利于后续描述符构建，因此对参考直线和候选直线的支撑域分别进行仿射变换，统一二者的方向、尺度及大小。仿射变换后矩形支撑域的四边分别与影像的像素点坐标系平行，定义局部坐标系原点在其左上角点处，其长度、宽度分别与参考直线支撑域的长度和宽度相同。该过程采用 6 参数仿射变换公式，如式（3-3），其中，x、y 为仿射变换后矩形区域内像素点坐标，x'、y' 为原影像上像素点坐标，a_0、a_1、a_2、b_0、b_1、b_2 为变换参数。将原直线支撑域的四角点坐标和仿射变换后直线支撑域对应的四角点坐标代入仿射变换公式，解算出 6 个仿射变换参数。在此基础上可根据式（3-3）计算仿射变换后矩形支撑域内任意一个像素点对应的原影像上的像素点坐标，进而对变换后支撑域内的像素点进行灰度赋值，最终得到仿射变换后的直线支撑域。

$$\boldsymbol{T} = \boldsymbol{AX} + \boldsymbol{B} \tag{3-3}$$

其中 $\boldsymbol{T} = \begin{pmatrix} x \\ y \end{pmatrix}$，$\boldsymbol{X} = \begin{pmatrix} x' \\ y' \end{pmatrix}$，$\boldsymbol{A} = \begin{pmatrix} a_1 & a_2 \\ b_1 & b_2 \end{pmatrix}$，$\boldsymbol{B} = \begin{pmatrix} a_0 \\ b_0 \end{pmatrix}$。

将仿射变换后参考直线支撑域和候选直线支撑域中的 $(2r+1)w$ 个灰度值排列成矩阵形式，得到如式（3-4）所示的两个 $(2r+1)w$ 维的灰度矩阵，分别对应仿射变换后参考直线支撑域灰度矩阵 $\boldsymbol{P}$ 和仿射变换后候选直线支撑域灰度矩阵 $\boldsymbol{Q}$。

$$\boldsymbol{P} = \begin{bmatrix} p_{11} & p_{12} & \cdots & p_{1w} \\ p_{21} & p_{22} & \cdots & p_{2w} \\ \cdots & \cdots & \cdots & \cdots \\ p_{(2r+1)1} & p_{(2r+1)2} & \cdots & p_{(2r+1)w} \end{bmatrix} \quad \boldsymbol{Q} = \begin{bmatrix} q_{11} & q_{12} & \cdots & q_{1w} \\ q_{21} & q_{22} & \cdots & q_{2w} \\ \cdots & \cdots & \cdots & \cdots \\ q_{(2r+1)1} & q_{(2r+1)2} & \cdots & q_{(2r+1)w} \end{bmatrix} \tag{3-4}$$

p_{ij}、q_{ij} 分别表示两支撑域中第 i 条直线上第 j 个像素点的灰度值，则两支撑域窗口灰度相关系数 ρ 的计算公式如下：

$$\rho = \frac{\sum_{i=1}^{2r+1}\sum_{j=1}^{w}(p_{ij}-\overline{p})(q_{ij}-\overline{q})}{\sqrt{\sum_{i=1}^{2r+1}\sum_{j=1}^{w}(p_{ij}-\overline{p})^2}\sqrt{\sum_{i=1}^{2r+1}\sum_{j=1}^{w}(q_{ij}-\overline{q})^2}} \tag{3-5}$$

其中，$\overline{p}$ 和 $\overline{q}$ 分别为两支撑域窗口内所有像素灰度值的平均值。灰度相

关系数 ρ 的取值区间为 $[-1,1]$，其值的大小决定着相关性的大小。相关系数越接近 1，表明两条直线是同名直线的可能性越大。在存在多条匹配候选直线的情况下，选取候选直线中相关系数最大且大于预设阈值 T_ρ 的直线，确定该直线为对应参考直线的匹配直线。

3.2.2　灰度均值

如果直接以参考直线和候选直线为中心建立相关窗口，由于参考直线和候选直线长度不同，二者支撑域窗口大小不同，因此无法进行窗口相关计算。为了解决这个问题，文献[80]中对支撑域的每一行计算灰度均值。如参考直线长度为 w，则以其为中心轴建立长为 w、宽为 $2r+1$ 的矩形直线支撑域窗口矩阵为：

$$\boldsymbol{F}(L)=\begin{bmatrix} \boldsymbol{g}_{11} & \boldsymbol{g}_{12} & \cdots & \boldsymbol{g}_{1w} \\ \boldsymbol{g}_{21} & \boldsymbol{g}_{22} & \cdots & \boldsymbol{g}_{2w} \\ \cdots & \cdots & \cdots & \cdots \\ \boldsymbol{g}_{(2r+1)1} & \boldsymbol{g}_{(2r+1)2} & \cdots & \boldsymbol{g}_{(2r+1)w} \end{bmatrix} \tag{3-6}$$

对矩阵每一行计算灰度均值，得到：

$$\boldsymbol{F}_m(L)=\left[\boldsymbol{g}_1\ \boldsymbol{g}_2\ \cdots\ \boldsymbol{g}_{2r+1}\right] \tag{3-7}$$

式中，$\boldsymbol{g}_i=\sum_{j=1}^{w}\frac{\boldsymbol{g}_{ij}}{w}$，$i=1,2,\cdots,2r+1$。

在垂直方向上，为降低尺度对影像的影响，同时为加强与直线距离近的像素点对直线的影响，根据像素点与直线的垂直距离，对每行灰度均值向量 g_i 赋予权重，得到带权重的灰度均值向量：

$$\begin{aligned} &\boldsymbol{F}'_m(L)=\left[w_1\boldsymbol{g}_1\ w_2\boldsymbol{g}_2\ \cdots\ w_{2r+1}\boldsymbol{g}_{2r+1}\right] \\ &w_i=k\Big/\left[(r+1)+\sum_{j=1}^{r}2j\right] \\ &\begin{cases} k=i & i=1,2,\cdots,r+1 \\ k=2(r+1)-i & i=r+2,r+3,\cdots,2r+1 \end{cases} \end{aligned} \tag{3-8}$$

式中，w_i 为第 i 行的权重；在计算 w_i 的过程中，不同行对应的 k 值不同，距离直线越近，则 k 值越大。

最后，根据带权重的灰度均值向量计算灰度相关系数 ρ：

$$\rho=\frac{\sum_{i=1}^{2r+1}(w_i\boldsymbol{g}_i-\boldsymbol{M}_{wg})(w_i\boldsymbol{g}_i'-\boldsymbol{M}_{wg'})}{\sqrt{\sum_{i=1}^{2r+1}(w_i\boldsymbol{g}_i-\boldsymbol{M}_{wg})^2}\sqrt{\sum_{i=1}^{2r+1}(w_i\boldsymbol{g}_i'-\boldsymbol{M}_{wg'})^2}} \tag{3-9}$$

式中，$\boldsymbol{g}_i$、$\boldsymbol{g}_i'$ 分别为参考直线和候选直线支撑域灰度均值向量中第 i 个向量。$\boldsymbol{M}_{wg}$、$\boldsymbol{M}_{wg'}$ 分别代表参考直线和候选直线支撑域灰度均值向量的平均值。

3.2.3 移动窗口

对于不同视角成像的航空影像，建筑物等人工地物在不同的影像上成像差异较大，影像上建筑物边缘处会产生纹理断裂。在这种情况下，不同影像上同名特征直线对应的支撑域包含的信息不一致，一般多发生在特征直线一侧的半支撑域，导致基于支撑域窗口的相关计算不准确。因此，为了避免纹理断裂对直线匹配产生的影响，张云生等人提出了一种基于移动窗口的自适应性直线匹配方法[73]。与上述固定窗口相关方法不同，该方法首先在直线的一侧建立线支撑域，支撑域的一边与直线重合，计算窗口的相关系数；再沿垂直于直线的方向按步长移动相关窗口，计算移动后窗口的相关系数；重复上一个步骤，直到窗口完全移动到直线的另一侧且其一边与直线重合。选取整个过程中的最大值作为直线 l 的初始相关系数。

如图 3-11 所示，直线 l 和 l' 分别表示两幅影像上的参考直线与候选直线。矩形为对应直线的支撑域窗口，其长和宽分别为 w、n，窗口沿着垂直于直线的方向从左向右移动。

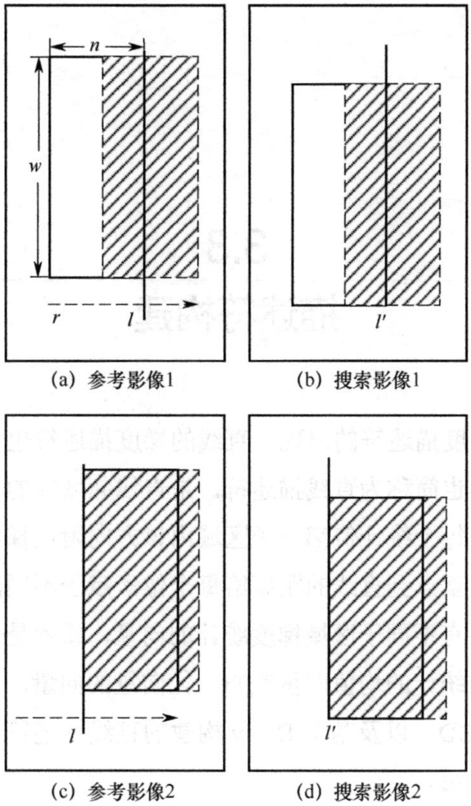

图 3-11　基于移动窗口的自适应直线相关系数

相关系数受移动窗口大小的影响，较小的窗口会导致测度的可区分性相对较弱。鉴于此，在上述窗口移动过程完成之后，对窗口进行自适应增长，如图 3-11（c）所示，虚线区域即为增长区域。如果灰度相关系数最大值是在直线左侧取的，则向左侧增长，反之，向右侧增长。每次增长一定步长，计算增长后窗口的相关系数，直到相关系数不再增加或者已经达到最大增长次数为止。该方法通过窗口移动，避免了纹理断裂对匹配结果的影响，提高了相关窗口相似性计算的有效性。

3.3 描述符构建

随着 SIFT 梯度描述符的出现，直线的梯度描述符也相继产生。一条直线的梯度描述符，也简称为直线描述符，是直线邻域内的子区域内像素点的梯度方向统计量。每个统计值都是子区域内该方向附近梯度值的总和。在统计过程中，根据像素点到直线的距离给每个像素赋予不同的权重，即直线描述符是一个包含所有不同子区域梯度统计的向量，或者是一个包含所有不同子区域内对应方向统计的均值向量或归一化向量的向量。目前，直线描述符主要有 MSLD、LBD，以及基于 Daisy 构建的直线描述符等。下面将对几种梯度描述符进行介绍。

3.3.1 FMSD、MMSD、GMSD 描述符的构建

直线描述符这个概念最初出现在文献[83]中，该文献中提出一种基于直线描述符的直线匹配方法，即在无任何已知条件和几何约束的条件下，仅选择灰度、梯度和梯度幅值 3 种图像特征构建 3 种不同的直线描述符用于直线匹配。这 3 种描述符分别是：灰度均值—标准差描述符（Gray Feature Mean-Standard deviation Descriptor，FMSD）、梯度幅值均值—标准差描述符（Magnitude Mean-Standard deviation descriptor，MMSD）、梯度均值—标准差描述符（Gradient Mean-Standard deviation descriptor，GMSD）。由于这 3 种描述符也是 MSLD 描述符产生的基础，因此本章节首先对这 3 种描述符做简要介绍。

1．FMSD 描述符

假定直线 L 的长度为 w，以其为中心轴建立如图 3-12（a）所示长为 w、宽为 $2r+1$ 的矩形直线支撑域为参考直线支撑域，可将其分解为 $2r+1$ 条等长的平行直线，如图 3-12（b）所示。其灰度矩阵 $\boldsymbol{F}(L)$ 为：

$$\boldsymbol{F}(L)=\begin{bmatrix} g_{11} & g_{12} & \cdots & g_{1w} \\ g_{21} & g_{22} & \cdots & g_{2w} \\ \cdots & \cdots & \cdots & \cdots \\ g_{(2r+1)1} & g_{(2r+1)2} & \cdots & g_{(2r+1)w} \end{bmatrix}=(g^1;\ g^2;\cdots;\ g^{2r+1}) \qquad (3\text{-}10)$$

其中，g_{ij} 表示支撑域第 i 条直线上第 j 个点的灰度值。$\boldsymbol{F}(L)$ 可称为直线 L 的灰度描述矩阵，它包含了直线 L 邻域窗口内所有像素点的灰度信息。其中，g^i 表示矩阵的第 i 行。为了使 $\boldsymbol{F}(L)$ 具有光照不变性，令 $\boldsymbol{F}(L)$ 减去其均值，可得到均值为零的灰度描述矩阵：

$$\begin{aligned} &\boldsymbol{F}_n(L)=\boldsymbol{F}(L)-\boldsymbol{M}_{\text{mean}}[\boldsymbol{F}(L)]=(g_n^{\ 1};\ g_n^{\ 2};\cdots;\ g_n^{\ 2r+1}) \\ &\boldsymbol{M}_{\text{mean}}[\boldsymbol{F}(L)]=\frac{1}{(2r+1)\times\omega}\sum_{i=1}^{2r+1}\sum_{j=1}^{w}g_{ij} \end{aligned} \qquad (3\text{-}11)$$

为了得到与长度无关的直线描述符，分别计算 $\boldsymbol{F}_n(L)$ 矩阵中每个行向量 g_n^i 的均值和标准差：

$$\boldsymbol{M}_{\text{mean}}[\boldsymbol{F}_n(L)]=\boldsymbol{M}_{\text{mean}}\left\{g_n^1;\ g_n^2;\cdots;\ g_n^{2r+1}\right\}\in R^{2r+1} \qquad (3\text{-}12)$$

$$\boldsymbol{S}_{\text{std}}[\boldsymbol{F}_n(L)]=\boldsymbol{S}_{\text{std}}\left\{g_n^1;\ g_n^2;\cdots;\ g_n^{2r+1}\right\}\in R^{2r+1} \qquad (3\text{-}13)$$

均值向量 $\boldsymbol{M}_{\text{mean}}[\boldsymbol{F}_n(L)]$ 和标准差向量 $\boldsymbol{S}_{\text{std}}[\boldsymbol{F}_n(L)]$ 都是 $2r+1$ 维的描述向量，为使 FMSD 描述符具有光照不变性，分别对 $\boldsymbol{M}_{\text{mean}}[\boldsymbol{F}_n(L)]$ 向量和 $\boldsymbol{S}_{\text{std}}[\boldsymbol{F}_n(L)]$ 向量进行归一化，同时将二者合并，得到一个 $4r+2$ 维的描述向量，即灰度均值—标准差描述符（FMSD 描述符）。

$$\text{FMSD}(L)=\begin{pmatrix} \dfrac{\boldsymbol{M}_{\text{mean}}[\boldsymbol{F}_n(L)]}{\left\|\boldsymbol{M}_{\text{mean}}[\boldsymbol{F}_n(L)]\right\|} \\ \dfrac{\boldsymbol{S}_{\text{std}}[\boldsymbol{F}_n(L)]}{\left\|\boldsymbol{S}_{\text{std}}[\boldsymbol{F}_n(L)]\right\|} \end{pmatrix}\in R^{4r+2} \qquad (3\text{-}14)$$

2. MMSD 描述符

将 $\boldsymbol{F}(L)$ 矩阵中的灰度值替换成支撑域中像素点的梯度幅值，得到 $(2r+1)\times w$ 维的梯度幅值描述矩阵。

$$\boldsymbol{M}(L)=\begin{bmatrix} m_{11} & m_{12} & \cdots & m_{1w} \\ m_{21} & m_{22} & \cdots & m_{2w} \\ \cdots & \cdots & \cdots & \cdots \\ m_{(2r+1)1} & m_{(2r+1)2} & \cdots & m_{(2r+1)w} \end{bmatrix}=(m^1;\ m^2;\cdots;\ m^{2r+1}) \tag{3-15}$$

式中，m_{ij} 表示像素支撑域中第 i 条直线上第 j 个点的梯度幅值，同样地，分别计算梯度幅值矩阵 $\boldsymbol{M}(L)$ 中 m^i 的均值向量和标准差向量，并归一化处理得到 $4r+2$ 维的梯度幅值均值—标准差描述符（MMSD 描述符），即：

$$\text{MMSD}(L)=\begin{pmatrix} \dfrac{\boldsymbol{M}_{\text{mean}}[\boldsymbol{M}(L)]}{\|\boldsymbol{M}_{\text{mean}}[\boldsymbol{M}(L)]\|} \\ \dfrac{\boldsymbol{S}_{\text{std}}[\boldsymbol{M}(L)]}{\|\boldsymbol{S}_{\text{std}}[\boldsymbol{M}(L)]\|} \end{pmatrix}\in R^{4r+2} \tag{3-16}$$

3. GMSD 描述符

GMSD 描述符是基于像素点梯度值构建的描述符矩阵，因此为了使描述符具有旋转不变性，局部坐标系的建立是必要的。假定直线方向为 d_L，则与其逆时针正交方向为 $d_\perp$，以 d_L、$d_\perp$ 两个方向确定的坐标系为直线 L 的局部坐标系，过程如图 3-12（b）所示。

将支撑域的第 i 条直线上第 j 个点的梯度向量记为 $\nabla\boldsymbol{g}_{ij}$，则在局部坐标系中，此梯度向量为 $\nabla\boldsymbol{g}'_{ij}=[\nabla\boldsymbol{g}_{ij}\bullet d_\perp,\nabla\boldsymbol{g}_{ij}\bullet d_L]^{\mathrm{T}}$，根据上述方法构造梯度描述符矩阵如下：

$$\boldsymbol{G}(L)=\begin{bmatrix} \nabla\boldsymbol{g}'_{11} & \nabla\boldsymbol{g}'_{12} & \cdots & \nabla\boldsymbol{g}'_{1w} \\ \nabla\boldsymbol{g}'_{21} & \nabla\boldsymbol{g}'_{22} & \cdots & \nabla\boldsymbol{g}'_{2w} \\ \cdots & \cdots & \cdots & \cdots \\ \nabla\boldsymbol{g}'_{(2r+1)1} & \nabla\boldsymbol{g}'_{(2r+1)2} & \cdots & \nabla\boldsymbol{g}'_{(2r+1)w} \end{bmatrix}=(\nabla\boldsymbol{g}'^1;\ \nabla\boldsymbol{g}'^2;\cdots;\ \nabla\boldsymbol{g}'^{2r+1}) \tag{3-17}$$

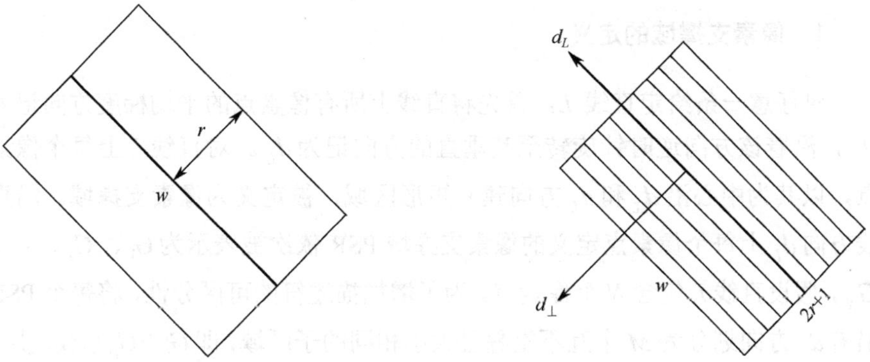

(a) 直线支撑域　　(b) 支撑域分解

图 3-12　直线平行支撑域及分解

计算梯度描述符矩阵 $\boldsymbol{G}(L)$ 行向量 $\nabla \boldsymbol{g}^{\prime i}$ 的均值和标准差，然后归一化得到 $8r+4$ 维的梯度均值—标准差描述符（GMSD 描述符），即：

$$\mathrm{GMSD}(L)=\begin{pmatrix}\dfrac{\boldsymbol{M}_{\text{mean}}[\boldsymbol{G}(L)]}{\left\|\boldsymbol{M}_{\text{mean}}[\boldsymbol{G}(L)]\right\|}\\ \dfrac{\boldsymbol{S}_{\text{std}}[\boldsymbol{G}(L)]}{\left\|\boldsymbol{S}_{\text{std}}[\boldsymbol{G}(L)]\right\|}\end{pmatrix}\in R^{8r+4} \tag{3-18}$$

3.3.2　MSLD 描述符的构建

在上述 3 种描述符的基础上，Wang 等人[84]进一步提出均值—标准差描述符（Mean-Standard deviation Line Descriptor，MSLD）。该描述符的构建过程如下：①确定直线的梯度方向和法方向；②对直线上每个像素点，沿梯度方向和法方向建立矩形区域，被定义为像素支撑域（Pixel Support Region，PSR），并将每个像素支撑域沿着法方向分解为若干个互不重叠且大小相同的子支撑域；③对各个子支撑域统计 4 个方向的梯度向量，得到一个 4 维的特征向量，在计算所有子支撑域的特征向量后，将其构成直线 L 的梯度描述符矩阵；④对描述符矩阵按行向量计算均值和标准差，并分别对均值和标准差向量进行归一化处理，得到归一化后的均值—标准差描述符。

1. 像素支撑域的定义

对任意一条给定直线 L，首先将直线上所有像素点的平均梯度方向记为 $d_\perp$，沿着该方向逆时针旋转至其垂直的方向记为 d_L。对直线 L 上每个像素点，以其为中心沿 $d_\perp$ 和 d_L 方向建立矩形区域，被定义为像素支撑域。沿直线方向 d_L 上每个像素点定义的像素支撑域 PSR 依次被表示为 G_1、G_2、…、G_N，假设直线 L 包含 N 个像素点。为了增加描述符的可区分性，将每个 PSR 沿着 $d_\perp$ 方向划分为 M 个互不重叠且大小相同的子区域，即 $G_i = G_{i1} \cup G_{i2} \cup \cdots \cup G_{iM}$，$i \in [1, N]$，如图 3-13 所示，每个 PSR 被分为 3 个子区域，即 $M = 3$。

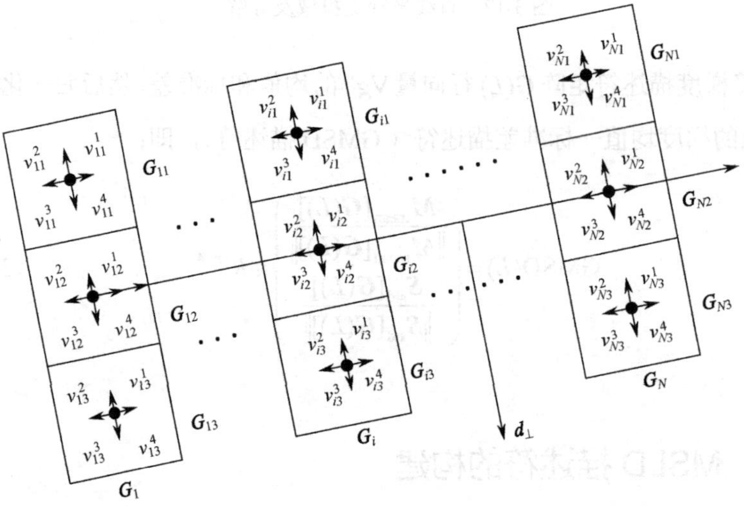

图 3-13 MSLD 描述符的构建

2. 子区域的描述

类似于 SIFT 描述符，对每个子区域像素点进行梯度统计。与 GMSD 描述符构建相同，为了使描述符具有旋转不变性，支撑域中每个像素点梯度向量被旋转至 $d_\perp$ 和 d_L 两个方向构成的局部坐标系下，则 $\nabla_L f = (\nabla f \bullet d_\perp, \nabla f \bullet d_L)^{\mathrm{T}} = (f_{d_\perp}, f_{d_L})^{\mathrm{T}}$，其中，$\nabla f$ 为原图像坐标下的像素点梯度，$\nabla_L f$ 是局部坐标系中的像素点梯度。同样受 SIFT 描述符的启发，在 $d_\perp$ 方向上，高斯权重函数被用于 PSR 的每一行。假定像素点到直线 L 的距离为 d，其权重函数为

$w=1\big/(\sqrt{2\pi}\sigma)e^{-d^2/2\sigma^2}$，其中，$\sigma$ 等于像素支撑域沿 $d_\perp$ 方向长度的一半。从中可以看出，离直线距离越近，其赋予的权值越大。

此外，位于子区域 G_{ij} 中的像素点，不仅会作用于子区域 G_{ij}，还会作用于 $d_\perp$ 方向上与其相邻的两个子区域 $G_{i(j-1)}$ 或 $G_{i(j+1)}$。假设该像素点到两个子支撑域中心线（平行于 d_L）的距离分别为 d_1、d_2，其梯度为 ∇f，则其对两个子支撑域的梯度贡献分别为：$\nabla f \cdot w_1$，$\nabla f \cdot w_2$，其中 $w_1=d_2\big/(d_1+d_2)$，$w_2=d_1\big/(d_1+d_2)$。这个加权过程只用于 $d_\perp$ 方向，不用于 d_L 方向，因为在 d_L 方向上，子支撑域之间是相互重叠的，因此边缘效应可以忽略不计。

假定子区域 G_{ij} 中的梯度为 $\{(\bar{f}_{d_\perp},\bar{f}_{d_L})^{\mathrm{T}}\}$，则基于 d_L、$d_\perp$ 方向及二者的反方向共 4 个方向对该子区域进行梯度统计，得到特征向量，即该子区域的描述符向量为：

$$\boldsymbol{V}_{ij}=(V_{ij}^1,V_{ij}^2,V_{ij}^3,V_{ij}^4)^{\mathrm{T}}\in\boldsymbol{R}^4 \tag{3-19}$$

其中，$V_{ij}^1=\sum\limits_{\bar{f}_{d_\perp}>0}\bar{f}_{d_\perp}$，$V_{ij}^2=\sum\limits_{\bar{f}_{d_\perp}<0}-\bar{f}_{d_\perp}$，$V_{ij}^3=\sum\limits_{\bar{f}_{d_L}>0}\bar{f}_{d_L}$，$V_{ij}^4=\sum\limits_{\bar{f}_{d_L}<0}-\bar{f}_{d_L}$。

3．MSLD 描述符

对一条特征线上所有子支撑域的描述符向量进行整理，得到 $4M\times N$ 维的直线梯度描述矩阵（Gradient Description Matrix，GDM）：

$$\boldsymbol{G}_{\mathrm{GDM}}(L)=\begin{pmatrix} v_{11} & v_{12} & \cdots & v_{1N}\\ v_{21} & v_{22} & \cdots & v_{2N}\\ \cdots & \cdots & \cdots & \cdots\\ v_{M1} & v_{M2} & \cdots & v_{MN}\end{pmatrix}=(v_1,v_2,\ldots,v_N) \tag{3-20}$$

为了使直线描述符维数不受直线长度的影响，计算 $\boldsymbol{G}_{\mathrm{GDM}}$ 行向量的均值向量和标准差向量为：

$$\begin{aligned}\boldsymbol{M}[\boldsymbol{G}_{\mathrm{GDM}}(L)]&=\mathrm{Mean}\{v_1,v_2,\ldots,v_N\}\\ \boldsymbol{S}[\boldsymbol{G}_{\mathrm{GDM}}(L)]&=\mathrm{Std}\{v_1,v_2,\ldots,v_N\}\end{aligned} \tag{3-21}$$

为了使描述符具有光照不变性，分别对均值向量和标准差向量进行归一化，并将归一化后的均值向量和标准差向量合并，得到 8M 维的 MSLD 直线描述符向量：

$$\boldsymbol{M}_{\text{MSLD}}(L)=\begin{pmatrix}\dfrac{M(GDM(L))}{\|M(GDM(L))\|}\\ \dfrac{S(GDM(L))}{\|S(GDM(L))\|}\end{pmatrix}\in R^{8M} \tag{3-22}$$

3.3.3 LBD 描述符的构建

Zhang 等人[112]提出直线条带描述符（Line Band Descriptor，LBD）描述符。该描述符的构建如图 3-14 所示，以直线为中心建立的矩形支撑域为直线支撑域，其被划分 m 个相等的子区域，每个子区域被称为条带，每个条带与直线等长且都平行于直线。这里用 m 表示条带的数目，w 表示条带的宽度，图 3-14 中，$m=5$。与 MSLD 描述符相同，LBD 描述符在构建过程中同样需要建立局部坐标系，以确保描述符的旋转不变性。直线方向为 $\boldsymbol{d}_L$，沿顺时针方向旋转直线至 $\boldsymbol{d}_L$ 正交的方向为 $\boldsymbol{d}_\perp$，直线段的中点为坐标系原点。将支撑域上每个像素点的梯度都投射到当前局部坐标系下，即 $\boldsymbol{g}'=(\boldsymbol{g}^{\mathrm{T}}\cdot\boldsymbol{d}_L,\boldsymbol{g}^{\mathrm{T}}\cdot\boldsymbol{d}_\perp)^{\mathrm{T}}=(\boldsymbol{g}'_{d_L},\boldsymbol{g}'_{d_\perp})^{\mathrm{T}}$，其中，$\boldsymbol{g}$ 和 $\boldsymbol{g}'$ 分别为原影像坐标系下的像素点梯度和当前局部坐标系下的像素点梯度。

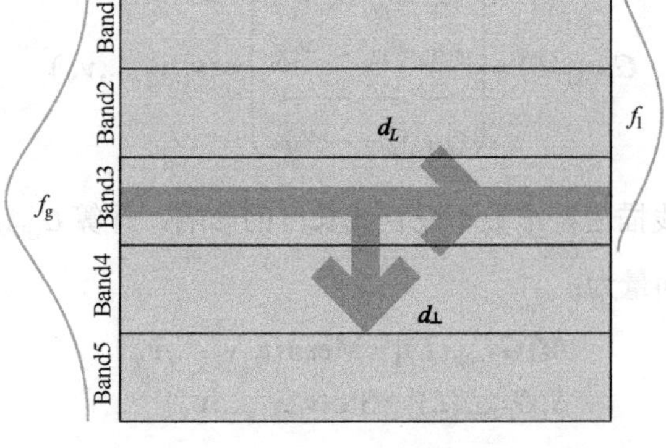

图 3-14　LBD 描述符的构建

分别采用全局高斯函数和局部高斯函数对沿着 $d_{\perp}$ 方向上的每行像素点梯度进行高斯加权。首先，支撑域第 i 行的全局权重系数为 $f_g(i)=(1/\sqrt{2\pi}\sigma_g)\mathrm{e}^{-d_i^2/2\sigma_g^2}$，其中，$d_i$ 表示第 i 行到直线支撑域中心行的距离，$\sigma_g=0.5$（$mw-1$）。其次，对于条带 B_j 和与其相邻的条带 B_{j-1}、B_{j+1}，运用局部权重系数 $f_l(k)=(1/\sqrt{2\pi}\sigma_l)\mathrm{e}^{-d_k^2/2\sigma_l^2}$ 对第 k 行进行加权，其中 d_k 指的是第 k 行到 B_j 条带中心行的距离，且 $\sigma_l=w$。f_g 作为全局权重系数，其目的是降低远离线段的像素点梯度的重要性，以此缓和在线段垂直方向 $d_{\perp}$ 上微小变化的敏感度；f_l 作为局部权重系数，其目的是降低不同条带划分产生的边缘效应。

这种构建方法有两个优点：一是直线端点的不确定性使得直线在 $d_{\perp}$ 方向的属性比直线在 d_L 方向的属性信息更为可靠，该构建方法对线段方向 d_L 上的细小位置变化具有更强的稳健性，因为在该方法中，即使条带边界微小变化，条带内的大部分图像信息依然保持不变。二是 d_L 方向条带间没有重叠，所以其计算效率更高，并且在加权计算时直接对每行进行高斯加权而不是对每个像素点进行高斯加权。

对于构建条带 B_j 的描述符 $\boldsymbol{B}_{D_j}$，是需要通过条带 B_j 与它相邻的两个条带 B_{j-1}、B_{j+1} 共同完成的。特别强调，当对顶部条带 B_1 和底部条带 B_m 的描述符进行构建时，仅考虑与其最近的一个相邻条带即可，不需要考虑超出条带范围的邻域。在构建完所有条带的 $\boldsymbol{B}_{D_j}$ 之后，我们得到该中心线描述符为：$\boldsymbol{L}_{\mathrm{LBD}}=(\boldsymbol{B}_{D_1}^{\mathrm{T}},\boldsymbol{B}_{D_2}^{\mathrm{T}},\ldots,\boldsymbol{B}_{D_m}^{\mathrm{T}})^{\mathrm{T}}$，在 $\boldsymbol{B}_{D_j}$ 构建的过程中，对位于条带 B_j 或其邻域条带的第 k 行，统计其像素点梯度如下：

$$v_{1j}^k=\lambda\sum_{g'_{d_\perp}>0}g'_{d_\perp},\quad v_{2j}^k=\lambda\sum_{g'_{d_\perp}<0}-g'_{d_\perp},\quad v_{3j}^k=\lambda\sum_{g'_{d_L}>0}g'_{d_L},\quad v_{4j}^k=\lambda\sum_{g'_{d_L}<0}-g'_{d_L} \tag{3-23}$$

其中，高斯相关系数 $\lambda=f_g(k)f_l(k)$。

整合与条带 B_j 相关的所有行的 4 个方向梯度统计，得到条带 B_j 的描述符矩阵 $\boldsymbol{B}_{\mathrm{BDM}_j}$，其构造如下：

$$\boldsymbol{B}_{\mathrm{BDM}_j}=\begin{pmatrix} v_{1j}^1 & v_{1j}^2 & \dots & v_{1j}^n \\ v_{2j}^1 & v_{2j}^2 & \dots & v_{2j}^n \\ v_{3j}^1 & v_{3j}^2 & \dots & v_{3j}^n \\ v_{4j}^1 & v_{4j}^2 & \dots & v_{4j}^n \end{pmatrix}=R^{4\times n} \tag{3-24}$$

其中，n表示条带B_j局部区域的行数。当对顶部和底部条带B_1和B_m描述符进行构建时，仅考虑其自身条带及一侧邻域条带。

$$n=\begin{cases} 2w, & j=1 \| m \\ 3w, & \text{其他} \end{cases} \tag{3-25}$$

计算描述符矩阵$\boldsymbol{B}_{\mathrm{BDM}_j}$每行的均值向量$\boldsymbol{M}_j$和标准差向量$\boldsymbol{S}_j$，获得条带$B_j$的描述符$\boldsymbol{B}_{D_j}=(\boldsymbol{M}_j;\boldsymbol{S}_j)\in R^8$。为了减小非线性光照的影响，对描述符均值和标准差分别进行归一化处理，最后由m个条形带描述符组合构成直线的LBD描述符：

$$\boldsymbol{L}_{\mathrm{LBD}}=(\boldsymbol{M}_1;\boldsymbol{S}_1;\boldsymbol{M}_2;\boldsymbol{S}_2;\dots;\boldsymbol{M}_m;\boldsymbol{S}_m)\in R^{8m} \tag{3-26}$$

3.3.4 Daisy 特征描述符的构建

1. Daisy 点描述符

Daisy特征描述符是Tola等人[113]提出的面向稠密匹配的可快速计算的局部图像特征描述符。Daisy 点描述符采用类似于“雏菊”中心对称的结构，如图 3-15 所示，中心点为待描述的像素点，以该点为中心构建M层半径递增的同心圆，每层同心圆选取N个等间隔的采样点，以实心圆点表示，则共有$M\times N+1$个格网点x_k，$[k=1,2,3\cdots(M\times N+1)]$，中心像素点到最外层格网点的距离为$R$。图 3-15 中，Daisy 点描述符是以每个格网点为中心的圆上不同方向的梯度卷积直方图向量组成的，其中，高斯平滑量与同心圆的半径成正比。在 Daisy 点描述符构建过程中利用不同的高斯卷积核，使得 Daisy 点描述符对于存在仿射变换和光照变换的影像对具有较好的稳健性，此外，Daisy 点描述符圆形支撑域具有更好的定位特性。

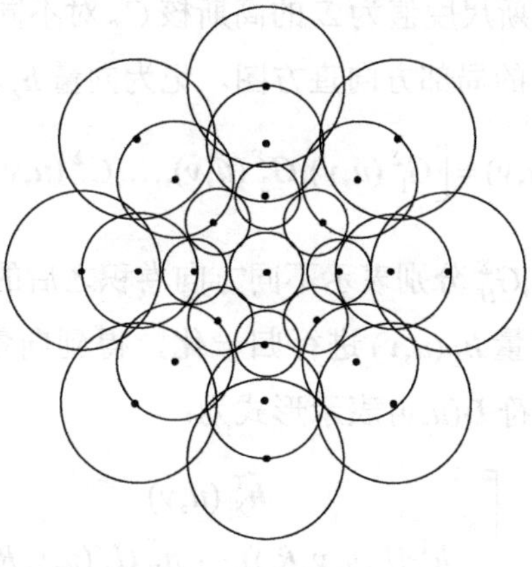

图 3-15　Daisy 点描述符构建示意

Daisy 点描述符构建的主要过程如下：

对于给定的一幅影像，首先计算每个点在 H 个方向上的梯度，如像素点 (u,v) 在 H 个方向上的梯度 $G_o(u,v)$ 表示为：

$$G_o(u,v)=\left(\frac{\partial I}{\partial o}\right)^+ \tag{3-27}$$

其中，I 表示输入影像，o 表示梯度的方向，$o=1,2,\cdots,H$，$(\cdot)^+$ 表示与零相比较求最大运算，即 $\left(\frac{\partial I}{\partial o}\right)^+=\max\left(\frac{\partial I}{\partial o},0\right)$。用不同尺度值的高斯核值 $\varSigma$ 对梯度值进行高斯卷积，如式（3-28）表示用高斯尺度值为 $\varSigma$ 的高斯核 $G_\varSigma$ 对梯度值 $G_o(u,v)$ 进行高斯卷积得到卷积后的值 $G_o^\varSigma(u,v)$。

$$G_o^\varSigma(u,v)=G_\varSigma*\left(\frac{\partial I}{\partial o}\right)^+ \tag{3-28}$$

为了减少卷积计算量，可以从几个连续较小的高斯核卷积结果得到较大高斯核的卷积结果。给定 $G_o^{\varSigma_1}$，通过式（3-29）可得到 $G_o^{\varSigma_2}$：

$$G_o^{\varSigma_2}(u,v)=G_{\varSigma_2}*\left(\frac{\partial I}{\partial o}\right)^+=G_\varSigma*G_{\varSigma_1}*\left(\frac{\partial I}{\partial o}\right)^+=G_\varSigma*G_o^{\varSigma_1}(u,v) \tag{3-29}$$

其中，$\varSigma=\sqrt{\varSigma_2^2-\varSigma_1^2}$，$\varSigma_2>\varSigma_1$。

当$H=8$时，用高斯尺度值为Σ的高斯核G_Σ对不同方向的梯度值进行卷积，得到像素点(u,v)的局部方向直方图，记为向量$\boldsymbol{h}_\Sigma(u,v)$：

$$\boldsymbol{h}_\Sigma(u,v)=\left[G_1^\Sigma(u,v),G_2^\Sigma(u,v),\ldots,G_H^\Sigma(u,v)\right]^{\mathrm{T}} \tag{3-30}$$

式中，$G_1^\Sigma,G_2^\Sigma,\cdots,G_H^\Sigma$分别表示不同方向卷积之后的梯度值。对每个梯度方向直方图的特征向量$\boldsymbol{h}_\Sigma(u,v)$进行归一化，得到向量$\tilde{\boldsymbol{h}}_\Sigma^{\mathrm{T}}(u,v)$，则像素点$(u,v)$的 Daisy 点描述符$\boldsymbol{D}(u,v)$表示形式为：

$$\boldsymbol{D}(u,v)=\begin{bmatrix}\tilde{\boldsymbol{h}}_{\Sigma_1}^{\mathrm{T}}(u,v)\\ \tilde{\boldsymbol{h}}_{\Sigma_1}^{\mathrm{T}}(l_1(u,v,R_1)),\cdots,\tilde{\boldsymbol{h}}_{\Sigma_1}^{\mathrm{T}}(l_N(u,v,R_1))\\ \tilde{\boldsymbol{h}}_{\Sigma_2}^{\mathrm{T}}(l_1(u,v,R_2)),\cdots,\tilde{\boldsymbol{h}}_{\Sigma_2}^{\mathrm{T}}(l_N(u,v,R_2))\\ \cdots\\ \tilde{\boldsymbol{h}}_{\Sigma_M}^{\mathrm{T}}(l_1(u,v,R_M)),\cdots,\tilde{\boldsymbol{h}}_{\Sigma_M}^{\mathrm{T}}(l_N(u,v,R_M))\end{bmatrix} \tag{3-31}$$

其中，M为同心圆的层数，N为每层中采样点的数目，$l_i(u,v,R_j)$表示在第j个同心圆环上第i个采样点坐标，$\tilde{\boldsymbol{h}}_{\Sigma_M}^{\mathrm{T}}(l_i(u,v,R_j))$表示上述采样点归一化后的局部梯度方向直方图。在一般情况下，Daisy 参数取值为：$M=3$，$N=8$，$H=8$，总格网点数目$S=M\times N+1=25$，则 Daisy 点描述符的维数$D=S\times H=200$。

2. Daisy 线描述符

基于 Daisy 点描述符的构建思想，Ok 等人[99]将其用于直线描述符的构建。如图 3-16（a）所示，假设图中参考直线、候选直线为对应的重叠直线段，分别以每条特征直线段的中点为中心点、以直线方向为基准方向，确定其他格网点。除中心点外，线段的其他等分点也确定为格网点。线段等分情况对应 Daisy 线描述符构建时同心圆的层数M，如图 3-16 中线段分为 4 等份，对应的同心圆层数$M=2$。根据已确定的层数及格网点，可等间距确定其他格网点。与 Daisy 点描述符不同的是，中心像素点到最外层格网点的距离为直线段长度的一半，因此对于每条特征直线都有各自的数值R，使描述符不受特征直线长度的影响。此外，在 Daisy 线描述符的构建过程中，以直线为基准线，可将 Daisy 圆形分布的格网点划分为线上格网点、左、右两个独立半圆区域的格网点，如图 3-16（b）所示。

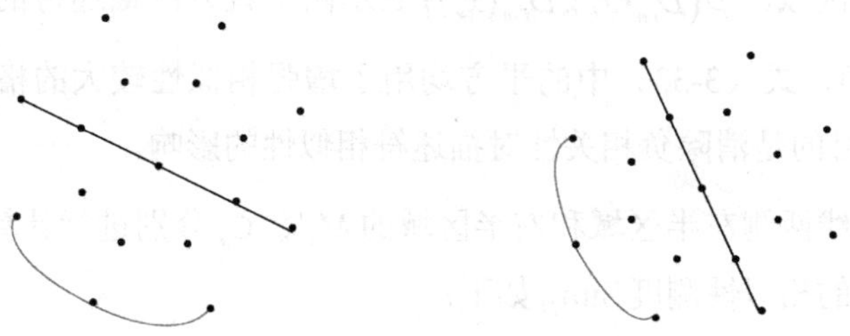

(a) 确定重叠直线段邻域格网点

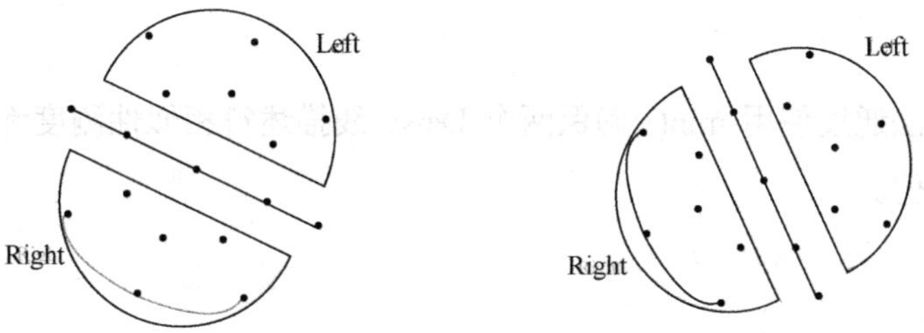

(b) 构建Daisy线描述符

图 3-16　Daisy 直线描述符构建示意图

根据 3.3.4 节中的原理，计算每个格网点的局部方向直方图。根据上述格网点划分情况，对应直线两侧的格网点，每条直线可得到两组梯度方向直方图。将在影像 j 上的第 i 条直线得到的两组梯度方向直方图记为 D_{iL}^{j} 和 D_{iR}^{j}，L 和 R 分别表示直线的左半区域和右半区域。

Ok 等人[99]定义了两个 Daisy 线描述符相似性测度，即欧氏距离相关性 $M_s(D_m^R, D_m^S)$ 和互相关系数 $C_s(D_m^R, D_m^S)$，其计算方法如下：

$$M_S(D_{im}^R, D_{i'm}^S) = \frac{1}{1+\left[\sum_{k=1}^{N_P}\left\|D_{im}^R(x_k) - D_{i'm}^S(x_k')\right\|\right]^2} \tag{3-32}$$

$$C_S(D_{im}^R, D_{i'm}^S) = \sum_{k=1}^{N_P}\left\{\max\left[0, \rho\left(D_{im}^R(x_k), D_{i'm}^S(x_k')\right)\right]\right\}^2 \tag{3-33}$$

式中，x_k 和 x'_k 分别表示两影像上的 Daisy 格网点，k 表示格网点的数目，上标 R 和 S 分别表示参考影像和搜索影像，下标 $m \in \{L,R\}$ 表示直线的左半区域或右半区域。$\rho\left(D_{im}^{R}(x_k),D_{i'm}^{S}(x'_k)\right)$ 表示两个直方图描述符的互相关系数。式（3-32）、式（3-33）中的平方均用于增强相似性较大的格网点的影响，$\max(\cdot)$的目的是消除负相关性对描述符相似性的影响。

对直线两侧左半区域和右半区域的 M_s 、C_s 分别进行计算，最终 Daisy 线描述符的相似性测度 Sim_D 如下：

$$\mathrm{Sim}_D=\min\left\{\max\left[M_S(D_{iL}^{R},D_{i'L}^{S}),M_S(D_{iR}^{R},D_{i'R}^{S})\right],\max\left[C_S(D_{iL}^{R},D_{i'L}^{S}),C_S(D_{iR}^{R},D_{i'R}^{S})\right]\right\} \tag{3-34}$$

该方法通过使用 $\min(\cdot)$确保两个 Daisy 线描述符相似性测度都具有较高的相似性值。

3.4 相似性测度

直线匹配是建立不同影像上同名特征直线之间对应关系的过程。该过程需要一种度量准则去衡量两条匹配直线之间特征的相似程度，行之有效的相似性测度往往具备较高的可分辨性，从而获得正确的匹配直线。在前文所述的直线匹配几何约束条件下，参考直线仍存在多条候选直线，因此，选取适当的相似性测度去衡量每对假设匹配直线间的描述符的相似性对匹配结果的可靠性具有重要的影响。常见的特征相似性测度函数如下。

1．灰度相关系数

以两幅影像区域中像素点的灰度作为匹配特征，常用的相似性度量准则为灰度相关系数，即归一化互相关，可参考式（3-5）及式（3-9）。

2．最小欧氏距离

距离测度广泛地应用在各类匹配算法中，在基于直线特征的匹配中，可以用向量来描述当前直线特征的一系列属性，如直线梯度描述符，可通过计算不同直线向量特征间的距离测度，如欧氏距离来确定同名直线。假定参考直线和候选直线的描述向量分别为 $\boldsymbol{X}=(x_1,x_2,\cdots,x_n)^{\mathrm{T}}$ 和 $\boldsymbol{Y}=(y_1,y_2,\cdots,y_n)^{\mathrm{T}}$，其中，$\boldsymbol{X}$ 和 $\boldsymbol{Y}$ 中的元素为直线属性特征，n 为特征维数，则两直线之间的欧氏距离 E_d 定义为：

$$E_d(\boldsymbol{X},\boldsymbol{Y})=\sqrt{\sum_{i=1}^{n}(x_i-y_i)^2} \tag{3-35}$$

对于多个候选匹配，分别计算参考直线描述向量与每条候选直线描述向量之间的欧氏距离，选取最小值，比较最小欧氏距离是否小于给定的阈值 T_E，以此判断这两条直线是否匹配。

3．最邻近距离比

鉴于参考影像中的特征直线不一定能在搜索影像中找到对应的匹配直线，且稳健性较强的特征描述向量维数相对较高，若仅采用最小欧氏距离，结合单一的全局距离阈值作为特征直线是否匹配的依据易产生错误匹配。针对这个问题，最邻近距离比准则（Nearest Neighbor Distance Ratio，NNDR）被广泛采用，其主要思想是通过最小距离和次最小距离的比值来判定同名直线。假设参考直线的特征描述向量为 $\boldsymbol{L}_A$，对应的最小距离的候选直线特征向量为 $\boldsymbol{L}_B$，次最小距离的候选直线特征向量为 $\boldsymbol{L}_C$，则最邻近距离比可表示为：

$$\frac{\|\boldsymbol{L}_A-\boldsymbol{L}_B\|}{\|\boldsymbol{L}_A-\boldsymbol{L}_C\|}<T_n \tag{3-36}$$

其中，T_n 为给定阈值。若该不等式成立，则说明参考直线与最邻近特征 $\boldsymbol{L}_B$ 对应的候选直线是匹配的；否则，该参考直线在搜索影像上未匹配到同名直线。

3.5 本章小结

本章主要围绕立体影像中的直线匹配的基本原理进行总结和归纳。首先介绍立体影像匹配过程中常用的 4 种典型的几何约束条件：同名点约束、核线约束、三角网约束及单应矩阵约束，通过适宜的匹配约束条件可以将匹配候选限定在有效的区域范围内；其次介绍了直线匹配过程中窗口灰度相关的 3 种计算方式以及窗口的变换、构建策略，通过计算假设匹配直线邻域窗口内的灰度相似性确定同名直线；接着对现有的直线梯度描述符构建进行介绍，具体包括 MSLD、LBD 及 Daisy 特征描述符的构建，充分利用直线及其邻域内像素点梯度信息构建直线的特征描述符，提高描述符对光照、旋转、尺度等变化的稳健性；最后介绍了直线匹配常用的相似性测度，相似性测度是用来度量假设匹配直线之间的特征相似性的，即判断不同影像上的直线是否为对应的同名直线，性能较好的匹配测度具有较强的可区分性，可提高立体影像匹配的可靠性。

第4章

单直线特征约束的线阵卫星遥感影像直线匹配

直线匹配过程主要涉及匹配约束、描述符构建、相似性测度计算三大方面。由于单直线匹配缺乏有效的一维约束，所以研究可结合多条件几何约束来约束候选匹配搜索范围。在描述符构建过程中，为了避免由两影像上直线端点的不对应产生的两直线支撑域不一致的问题，可采用核线确定同名端点。由于拍摄角度不同，所以相同地物在不同影像上成像不一致，为了避免两影像上对应直线两侧支撑域不一致，可分区域构建描述符，即在直线两侧支撑域分别构建描述符，分别计算对应直线两侧描述符的相似性，提高同名直线匹配结果的可靠性。

综上，本章设计了一种结合多条件约束的数字影像直线匹配算法，并将其用于高分辨率线阵卫星遥感影像直线匹配。该直线匹配算法流程如图 4-1 所示。首先采用 LSD 算法[53]对参考影像、搜索影像分别进行直线提取，然后采用 SIFT 算法[114]获取两幅影像的同名点，并经过 RANSAC 算法检核，剔除错误同名点。在此基础上，直线匹配过程分 3 个阶段：第一阶段，根据影像的有理多项式系数（Rational Polynomial Coefficient，RPC）计算两幅影像上的同名核线，依次采用核线约束、结合核线的方位约束、同名点约束来约束候选匹配的搜索范围；第二阶段，基于描述符相似约束和点—线距离确定匹配同名直线；第三阶段进行匹配结果的处理，结合共线几何约束和点到直线距离对结果中的“一对多”和“多对一”的匹配对应关系进行检核，确定最终的匹配结果。

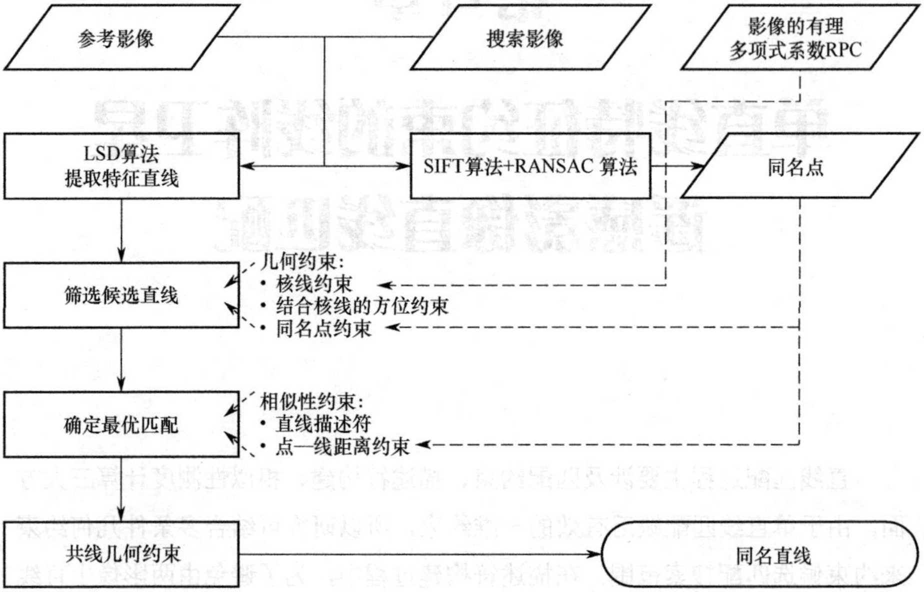

图 4-1　直线匹配算法流程

4.1 几何约束

4.1.1 核线约束

1. 同名核线生成

核线约束是影像匹配中最常用的几何约束之一，它具有缩小搜索范围、提高匹配效率的作用。针对高分辨率线阵卫星遥感影像，利用线阵影像有理函数模型（Rational Function Model，RFM）的正解参数，迭代构建其反解模型，采用文献[115]中的 RFM 反解模型与投影轨迹法相结合获得同名核线。如图 4-2 所示，L 为参考影像上任意一条特征直线，两影像上蓝色线为过直线段 L 两端点的同名核线。

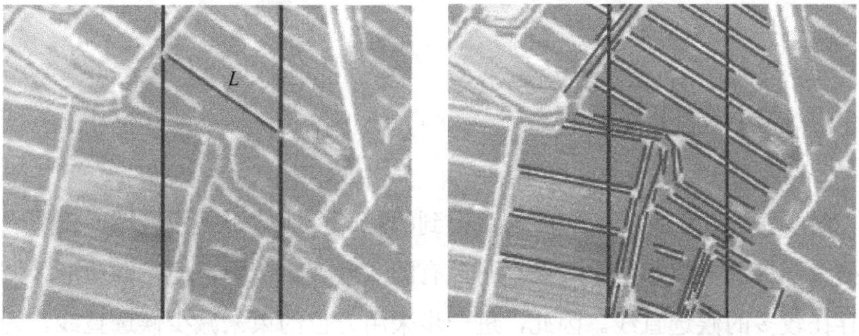

(a) 参考影像　　(b) 搜索影像

图 4-2　同名核线及核线约束

2. 重叠度约束

受不同影像上成像信息及直线提取算法的影响，同名特征直线在不同影像上提取结果存在差异，如直线段端点不一致、直线提取断裂等。基于不同影像上同名直线应该有对应的重叠区域，我们可以使用核线约束来确定匹配候选直线。该过程具体如下：利用上述高分辨率遥感影像核线生成方法计算两影像上过参考直线段端点的同名核线，如图 4-2 所示，确定搜索影像上部分或全部位于两核线范围内的直线为候选直线。受文献[87]的启发，满足该约束条件的布尔运算公式如下：

$$C_{l,l'}=\begin{cases}((c'_x-d_x)(c_x-c'_x)>0)\vee\\((d_x-d'_x)(c'_x-d_x)>0)\vee\\((d'_x-d_x)(c_x-d'_x)>0)\vee\\((c_x-d'_x)(c'_x-c_x)>0)\end{cases}\tag{4-1}$$

式中，∨表示逻辑或的关系。(l,l')为一对匹配假设，l、l'分别表示参考影像上的参考直线和搜索影像上的候选直线。c、d表示候选直线段的两个端点。c'、d'表示搜索影像上候选直线l'与两核线的交点，其中，下标x表示点的x轴坐标。若$C_{l,l'}$条件为真，则表明(l,l')满足重叠度约束，匹配候选保留，否则从候选集中将该候选直线删除。如图 4-2 所示，搜索影像上两核线范围内的直线为满足重叠度约束的候选直线。

4.1.2 方位约束

对于直线匹配而言，核线约束得到的是一个四边形搜索区域，仍属于二维搜索，尽管核线约束大大缩小了已有的二维搜索范围，但在四边形区域内仍存在较多的候选直线。因此，进一步采用方位约束来减少候选直线。为避免影像间存在旋转对直线方位约束产生的影响，以两幅影像上的同名核线为基准方向线。首先计算参考直线段的中点在两幅影像上的同名核线，然后分别计算参考影像上参考直线与核线的夹角及搜索影像上候选直线与核线的

夹角，分别记为θ_r和θ_c。计算两个角度的差值，并与给定的阈值T_θ进行比较，如果差值的绝对值小于给定阈值，即$|\theta_r - \theta_c| < T_\theta$，则候选直线满足方位约束条件，否则删除该候选直线。如图 4-3 所示，两影像上蓝色线为过直线段 L 中点的同名核线，对图 4-2 核线约束得到的搜索影像上的候选直线，进一步采用方位约束得到的候选直线如图 4-3（b）所示，由于不满足方位约束，图 4-2（b）中的部分候选直线被滤掉，如图中黄色直线所示。

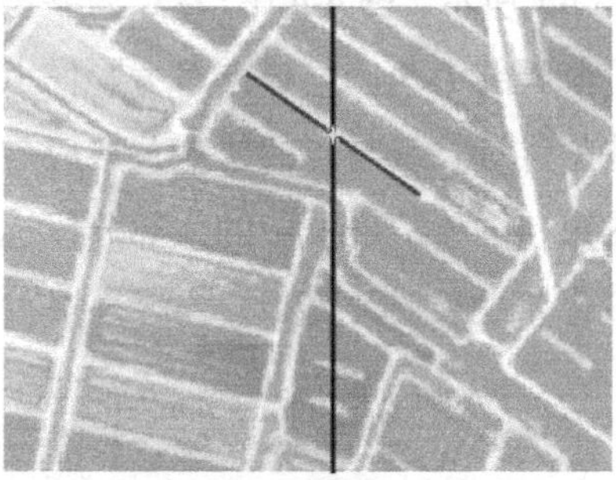
(a) 参考影像

(b) 搜索影像

图 4-3　方位约束

4.1.3　同名点约束

上述方位约束进一步缩小了候选直线的搜索范围，但是对于纹理重复区域，由于存在平行直线，经方位约束后仍存在较多的候选直线，如图 4-3（b）所示。因此，基于不同影像上同名点和同名直线应具有一致的局部几何关系，可利用同名点进一步缩小候选直线范围。首先确定参考直线局部邻域内的匹配同名点。假定参考直线段 L 的长度为l，过参考直线段 L 的中点作垂直于 L 的直线段$L_\perp$，选取同时满足到直线段 L 的垂直距离小于T_{D1}、到直线段$L_\perp$的垂直距离小于T_{D2}的匹配点，作为直线段 L 局部邻域的匹配点，即同时满足条件$d(p_i,L) < T_{D1}$和$d(p_i,L_\perp) < T_{D2}$，其中$d(\cdot)$表示该点到直线段的垂直距离，p_i是一个匹配点。T_{D1}和T_{D2}为距离阈值，$T_{D2} = l/2 + \Delta$，其中Δ为直线段 L 两端向外延伸的长度，本章中设置$\Delta = 30$。将满足上述条件的参考直线段 L 邻

域的匹配点集合记为S，其对应搜索影像上匹配点的集合记为S'。同时，将位于参考直线两侧的匹配点分别记为集合P_+和集合P_-，即$S = P_+ \cup P_-$。对搜索影像上的每一条候选直线，将位于其两侧的匹配点集分别记为集合P'_+和集合P'_-，如果这两个集合满足条件$(P_+ = P'_+ \& P_- = P'_-) \vee (P_+ = P'_- \& P_- = P'_+)$，则保留该候选直线，否则删除该候选直线。其中，$\vee$表示逻辑或的关系，&表示逻辑与的关系。对图 4-3 方位约束得到的搜索影像上的候选直线，进一步采用同名点约束，得到的候选直线如图 4-4（b）所示。图 4-4 中*号点为参考直线L邻域的同名点，蓝色和红色点分别位于直线L两侧。根据参考影像上点与直线L的局部位置关系，确保满足条件的候选直线与点的位置关系应与参考影像上保持一致。由于不满足同名点约束，图 4-3（b）中的大部分候选直线被滤掉，仅剩余如图 4-4（b）所示的 3 条红色候选直线。

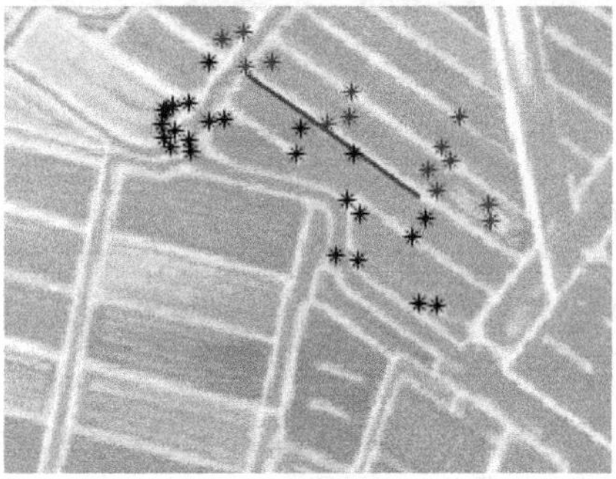

(a) 参考影像

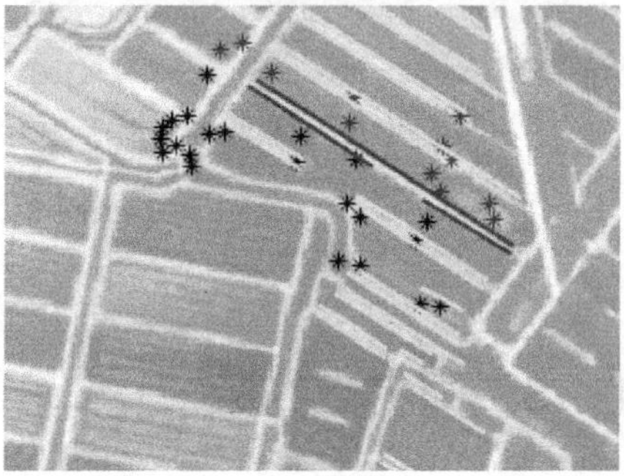

(b) 搜索影像

图 4-4　同名点约束

4.2 描述符相似性约束

4.2.1 直线支撑域的构建

对于满足上述三重几何约束的候选直线，可进一步判断其是否满足梯度描述符相似性约束。在已有 LBD 梯度描述符的基础上，增加了直线支撑域仿射变换及分区构建直线两侧的 LBD 描述符用于相似性计算。在支撑域构建过程中，为了确保不同影像上同名直线段端点的对应性以及构建对应的同质支撑域，采用直线段端点的核线确定参考直线和候选直线对应的最大重叠直线段。如图 4-5（b）所示，搜索影像上的候选直线延伸至核线处，即候选直线与两条核线相交的点为候选直线与参考直线对应的同名端点，由这两个端点构成的直线段为候选直线对应参考直线的重叠段。

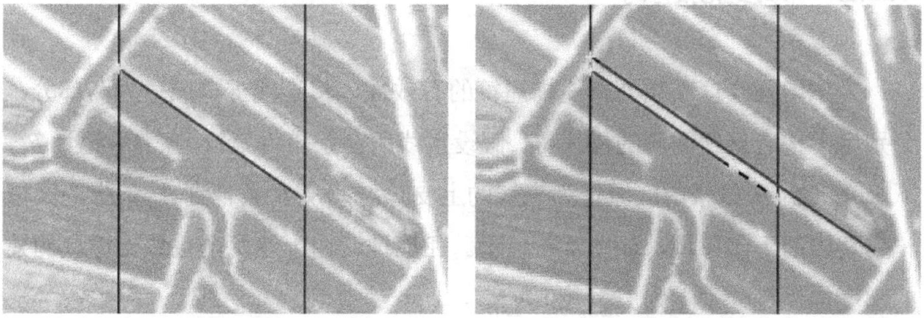

(a) 参考影像　　(b) 搜索影像

图 4-5　确定候选直线与参考直线对应的重叠段

在参考影像上构建一个以直线段 L 为中心的矩形区域作为该直线的支撑域。如图 4-6 所示，直线支撑域的大小为 $c \times l_{en}$，其中 l_{en} 为矩形的长度，等于直线段 L 的长度，c 为矩形的宽度。此外，为了使描述符具有旋转不变性，便于后续计算，对支撑域进行仿射变换，使其平行于影像坐标系，且仿射变换前后区域大小保持不变。支撑域分为 m 个条带 $\{B_1, B_2, \cdots, B_m\}$，其中每个条带是一个子区域，平行于水平方向，条带的宽度为 w，因此，$w \times m = c$。在图 4-6 中设置 $m = 5$。

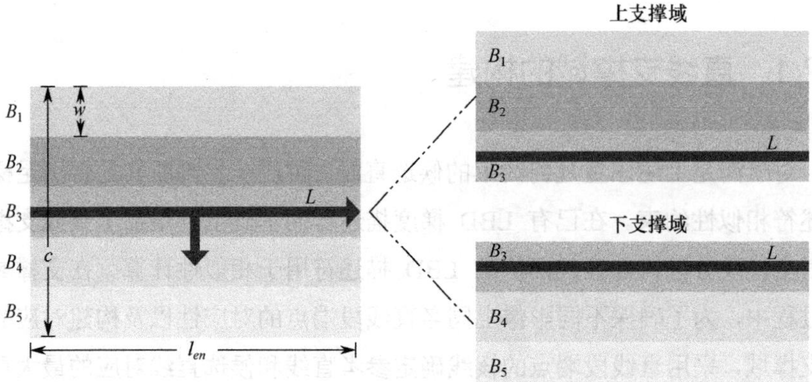

图 4-6　构建直线支撑域

4.2.2　梯度描述符

为了增强纹理断裂处直线描述符的有效性，将直线支撑域分为两部分，分别用于构造直线两侧的描述符。假设直线所在条带为第 i 个条带，记为 B_i，从 B_1 条带到 B_i 条带的区域记为直线的上支撑域，从 B_i 条带到 B_m 条带的区域记为直线的下支撑域，如图 4-6 所示。相应地，由上述两个直线支撑域构建的梯度描述符分别记为 $\boldsymbol{L}_{\mathrm{LBD}_u}$ 和 $\boldsymbol{L}_{\mathrm{LBD}_l}$。

$$\begin{aligned} \boldsymbol{L}_{\mathrm{LBD}_u} &= (\boldsymbol{B}_{D_1}^{\mathrm{T}}, \boldsymbol{B}_{D_2}^{\mathrm{T}}, \cdots, \boldsymbol{B}_{D_i}^{\mathrm{T}})^{\mathrm{T}} \\ \boldsymbol{L}_{\mathrm{LBD}_l} &= (\boldsymbol{B}_{D_i}^{\mathrm{T}}, \boldsymbol{B}_{D_{i+1}}^{\mathrm{T}}, \cdots, \boldsymbol{B}_{D_m}^{\mathrm{T}})^{\mathrm{T}} \end{aligned} \tag{4-2}$$

其中，$\boldsymbol{B}_{D_k}$ 为第 k 个条带的描述符，参照 3.3.3 节中 $\boldsymbol{B}_{D_k}$ 的计算过程，得到第 k 个条带的描述符应为 $\boldsymbol{B}_{D_k}=(\boldsymbol{M}_k;\boldsymbol{S}_k)\in R^8$ 。在本节描述符的构建过程中，仅保留其中的均值向量 $\boldsymbol{M}_k$ ，即 $\boldsymbol{B}_{D_k}=(\boldsymbol{M}_k)\in R^4$ 。将其代入式（4-2）中，分别得到直线两个支撑域的描述符 L_{LBD_u} 和 L_{LBD_l} 如下：

$$\begin{aligned}\boldsymbol{L}_{\mathrm{LBD}_u}&=(\boldsymbol{M}_1;\boldsymbol{M}_2;\cdots;\boldsymbol{M}_i)\in R^{4i}\\ \boldsymbol{L}_{\mathrm{LBD}_l}&=(\boldsymbol{M}_i;\boldsymbol{M}_{i+1};\cdots;\boldsymbol{M}_m)\in R^{4i}\end{aligned}\tag{4-3}$$

同样地，对于搜索影像上的每条候选直线，以候选直线与参考直线对应的重叠段为中心构建直线支撑域，得到候选直线的两个描述符 $\boldsymbol{L}_{\mathrm{LBD}'_u}$ 和 $\boldsymbol{L}_{\mathrm{LBD}'_l}$ 。

4.2.3　相似性约束

对参考直线和每条候选直线，采用欧氏距离公式分别计算两条直线上支撑域描述符的距离测度和下支撑域描述符的距离测度。如果其中最小距离测度值小于给定的阈值 T_d ，则认为该候选直线满足描述符相似性约束。

4.3 确定同名直线

在经过上述 3 个几何约束、1 个梯度描述符相似性约束后，结合点—线距离约束和共线性约束，可确定最终的同名直线。基于 4.1.3 节中位于参考直线两侧的匹配点集 P_+ 和 P_-，以及对应在搜索影像上候选直线两侧的匹配点集 P'_+ 和 P'_-，对每个点集，分别计算集合内所有点到对应直线的垂直距离并求和如下：

$$
\begin{aligned}
D_+ &= \sum_{p_j \in P_+} d(p_j, l_r), D_- = \sum_{p_k \in P_-} d(p_k, l_r) \\
D'_+ &= \sum_{p'_j \in P'_+} d(p'_j, l_c), D'_- = \sum_{p'_k \in P'_-} d(p'_k, l_c)
\end{aligned}
\tag{4-4}
$$

其中，p_j、p_k、p'_j 和 p'_k 表示集合中的任意点。l_r 和 l_c 分别表示参考直线和候选直线。若式（4-4）中结果满足条件 $[\mathrm{abs}(D_+ - D'_+) < T_{D3}] \vee [\mathrm{abs}(D_- - D'_-) < T_{D3}]$，那么对应的候选直线满足点—线距离约束，其中，$T_{D3}$ 为给定的距离阈值。此时，若仅有一条候选直线，那么该候选直线就是最终匹配直线；若候选直线数目大于 1，首先判断这些候选直线是否共线，如果共线，那么所有的候选直线都与参考直线存在同名对应关系，否则，选择候选直线中对应距离差最小的直线作为最终匹配直线。

在所有直线均完成匹配后，检查匹配结果中是否存在“多对一”的同名对应关系，即检查参考影像上的多条直线与搜索影像上的同一条直线是否存在同名对应关系，若存在，同样采用上述共线约束和点—线距离约束的方法确定最终匹配直线。

4.4 实验与分析

为了对本章算法进行测试，选取 ZY-3 卫星前视和后视影像对中的 8 对子影像进行直线匹配实验，如图 4-7 所示。影像分辨率为 3.5 m，这些影像包含不同的物方场景特征，如农田［图 4-7（a）、图 4-7（f）］、水田［图 4-7（c）、图 4-7（g）］、乡村［图 4-7（b）、图 4-7（h）］、城市建筑密集区［图 4-7（d）、图 4-7（e）］等。图 4-7（c）图像大小为 400 像素×400 像素，图 4-7（b）图像大小为 600 像素×600 像素，其他图像大小介于上述两者之间。在本实验中，运行环境为处理器 Intel(R) Core(TM) i5-4200U CPU 1.60 GHz，8GB 内存。

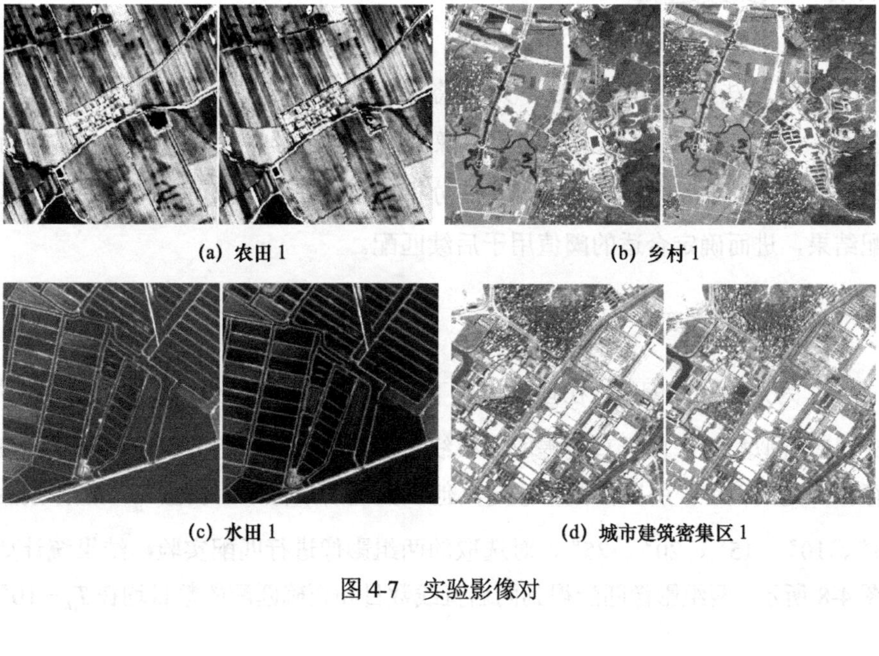

(a) 农田 1　(b) 乡村 1

(c) 水田 1　(d) 城市建筑密集区 1

图 4-7　实验影像对

(e) 城市建筑密集区 2

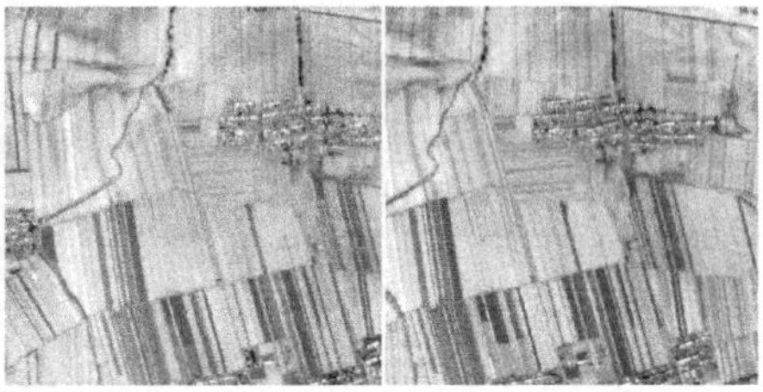

(f) 农田 2

(g) 水田 2

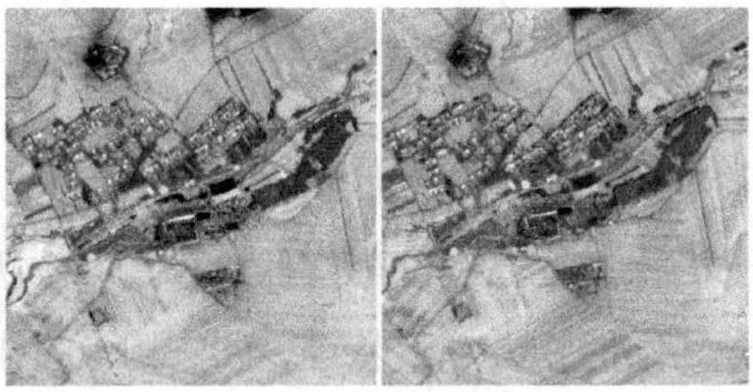

(h) 乡村 2

图 4-7 实验影像对（续）

4.4.1 参数选择

本章算法涉及一些参数，为了将最优参数用于匹配实验，随机选取图 4-7（a）、图 4-7（b）两组实验影像对匹配结果影响较大的 4 个参数进行阈值分析。对于每个参数，通过对比分析该参数在不同取值条件下的直线匹配结果，进而确定合适的阈值用于后续匹配。

1. 确定参数 T_θ

T_θ 为方位约束阈值，在理想情况下，不同影像上同名直线与同名核线的夹角应近似相等，由于直线提取、核线生成、投影变形等的影响，两个角度存在一定的偏差，所以在概略假定其他参数值的条件下，设置 T_θ 取值分别为 5°、10°、15°、20°、25°，对选取的两组影像进行匹配实验，结果统计如图 4-8 所示。两组影像匹配得到同名直线数目和正确匹配的数目均在 $T_\theta = 10°$

时达到变化率的顶峰，在 $T_\theta = 15^\circ$ 时趋于稳定。影像对（b）在 $T_\theta = 10^\circ$ 时达到匹配正确率的峰值，影像对（a）的匹配正确率随着阈值的增大呈下降趋势。因此，选择 $T_\theta = 10^\circ$ 用于后续匹配。

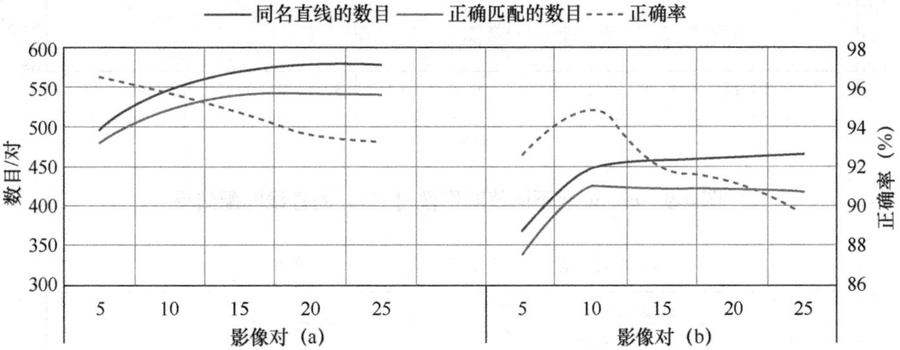

图 4-8　T_θ 取不同值时图 4-7（a）、图 4-7（b）两组影像对的直线匹配结果

2. 确定参数 *m*、*w*

m、*w* 是用于确定描述符支撑域大小的两个参数，分别对应直线支撑域的条带数和每个条带的宽度，两个参数共同决定了直线支撑域的大小。设定 $T_\theta = 10^\circ$ 并固定其他参数值不变，设置 *w* 的值分别为 3、5、7、9、11，*m* 的值分别为 3、5、9、13、17，对选取的两组影像进行匹配实验，统计结果分别如图 4-9、图 4-10 所示。对两组结果进行分析可知：①两组影像对在 $w=3$ 和 $w=5$ 时达到相对较高的匹配正确率，且当 $w=5$ 时，两组影像匹配正确率均在 $m=5$ 时达到峰值，而当 $w=3$ 时，两组影像匹配正确率均在 $m=5$ 时呈现局部峰值；②在 $w=3$、$m>5$ 时，两组影像对匹配正确率存在随 *m* 增大而提高的趋势，且在 $m=17$ 时达到参数取值范围内的最高值，但匹配同名直线数目和正确同名直线数目整体呈下降趋势，当 $m=17$ 时达到参数取值范围内的最低值；③此外，在 $m=5$ 的条件下，与 $w=3$ 时的匹配结果相比，$w=5$ 时两组立体像对匹配得到同名直线数目和正确同名直线数目更多。综上，当两参数分别取 $m=5$、$w=5$ 时匹配结果较优。

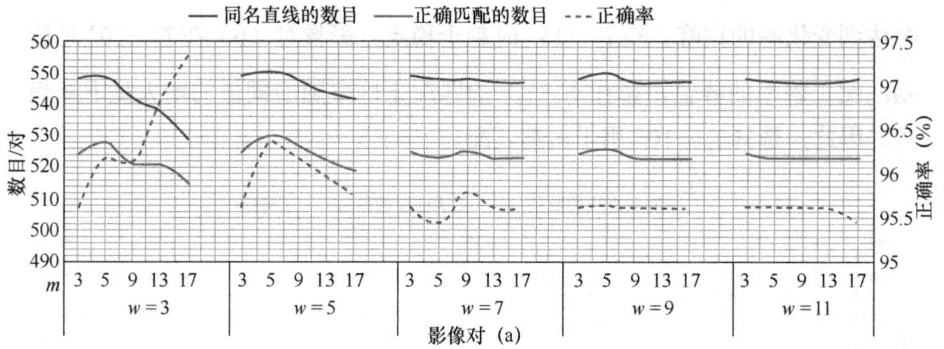

图 4-9　*m*、*w* 取不同值时影像对（a）的直线匹配结果

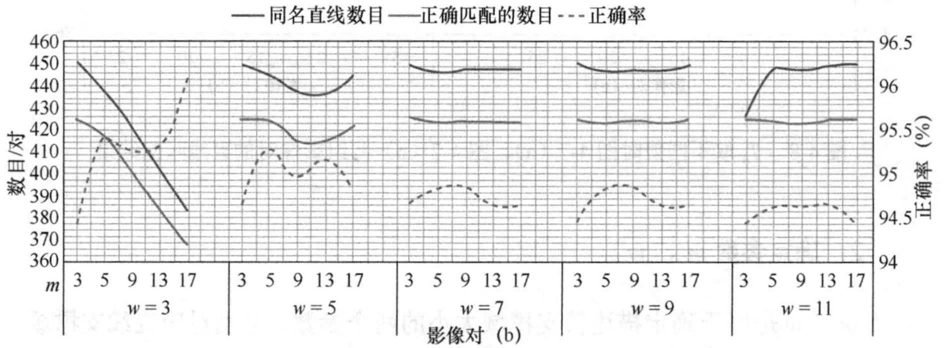

图 4-10　*m*、*w* 取不同值时影像对（b）的直线匹配结果

3．确定参数 T_d

T_d 为两条直线描述符之间的欧氏距离，以此作为判断两条匹配直线之间相似性的依据。设定 $T_\theta=10°$、$m=5$、$w=5$，并固定其他参数值不变，设置 T_d 值分别为 0.3、0.6、0.9、1.2、1.5，对选取的两组影像进行匹配实验，结果统计如图 4-11 所示。从匹配得到同名直线的数目及其中正确匹配数目分析，两组影像均在 $T_d=0.6$ 时达到变化的上限，在 $T_d=0.6$ 后变化趋于平缓；匹配正确率随着 T_d 取值的增大而逐渐减小之后趋于平缓，两组影像对匹配正确率均在小范围内变化，分别为 95.62%～98.22%、94.43%～95.65%。因此，综合考虑同名直线数目和匹配正确率两方面因素，确定 $T_d=0.6$ 用于后续匹配。

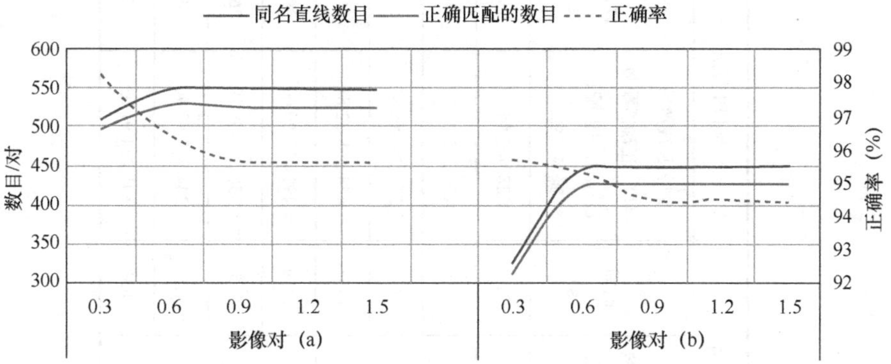

图 4-11　T_d 取不同值时两组影像对的直线匹配结果

4.4.2　不同算法对比分析

采用 4.4.1 节确定的参数值，对图 4-7 所示的 8 组影像对进行直线匹配实验，并与其他两种经典的直线匹配算法进行对比分析，分别为 LJL[97]（Line-Junction-Line，LJL）算法和 N-LPI[116]（New Line-Points-Invariant，N-LPI）算法，两种算法的源代码可以从 GitHub 网站上下载。在确保输入数据相同的条件下，3 种算法直线匹配结果统计如表 4-1 所示。文献[116]和文献[85]，采用正确匹配数目、匹配正确率、运行时间 3 个度量指标对 3 种算法进行评估。其中，匹配正确率等于正确匹配数目与匹配获得同名直线总数目的比值。表 4-1 中第 1～4 列，依次为实验影像对、两影像上直线提取的数目、匹配同名点的数目。第 5～6 列为本章算法的匹配结果统计，第 5 列中的 3 个数字分别表示本章算法匹配同名直线数目、正确匹配数目和匹配正确率；第 6 列为本章算法的运行时间。对应地，第 7～8 列和第 9～10 列分别为 LJL 算法和 N-LPI 算法相应的实验结果。为了便于直观比较和分析，同时将表中统计数据显示如图 4-12 和图 4-13 所示。本章算法对 8 组影像对的直线匹配结果如图 4-14 所示，其中红色直线表示错误匹配，其他颜色的直线表示正确匹配。

表 4-1　3 种算法直线匹配结果统计

实验影像对	提取直线数目（对）		同名点数目（个）	本章算法（Our）		LJL 算法		N-LPI 算法	
	参考影像	搜索影像		同名直线数目（对）-正确匹配数目（对）-匹配正确率（%）	运行时间（s）	同名直线数目（对）-正确匹配数目（对）-匹配正确率（%）	运行时间（s）	同名直线数目（对）-正确匹配数目（对）-匹配正确率（%）	运行时间（s）
（a）	789	833	685	550-530-96.36	106	504-466-92.46	313	528-503-95.27	293
（b）	774	748	532	445-424-95.28	100	482-420-87.14	503	439-372-84.74	167
（c）	418	438	320	357-352-98.60	54	350-341-97.43	1395	355-351-98.87	121
（d）	782	764	374	489-449-91.82	105	486-412-84.77	1455	444-368-82.88	166
（e）	834	811	635	514-475-92.41	112	532-444-83.46	1019	491-437-89.00	260
（f）	578	610	295	352-329-93.47	69	330-313-94.85	215	350-344-98.29	260
（g）	718	699	442	370-358-96.76	87	360-337-93.61	670	344-323-93.90	146
（h）	428	553	607	292-287-98.29	52	316-283-89.56	83	301-274-91.03	67

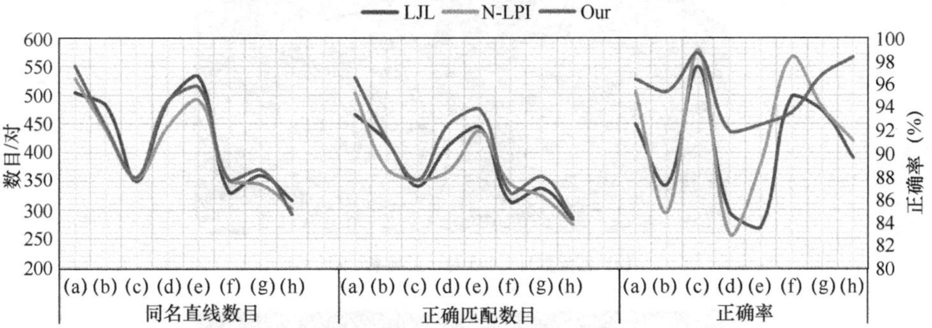

图 4-12　3 种算法对 8 组影像对的匹配结果统计

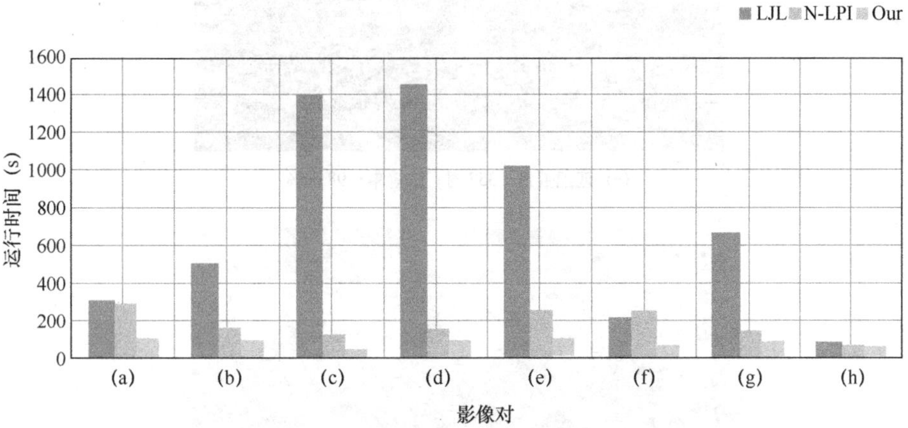

图 4-13　3 种算法对 8 组影像对匹配的运行时间

（a）匹配数目：550 对；正确率：96.36%

图 4-14　本章算法对 8 组影像对的直线匹配结果

(b) 匹配数目：445 对；正确率：95.28%

(c) 匹配数目：357 对；正确率：98.60%

(d) 匹配数目：489 对；正确率：91.82%

(e) 匹配数目：514 对；正确率：92.41%

图 4-14　本章算法对 8 组影像对的直线匹配结果（续）

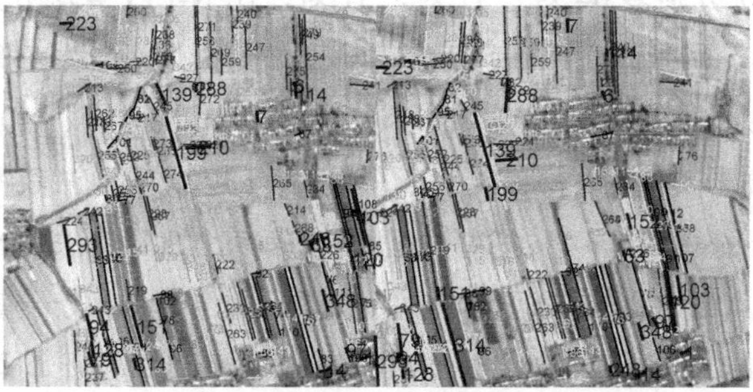

(f) 匹配数目：352 对；正确率：93.47%

(g) 匹配数目：370 对；正确率：96.76%

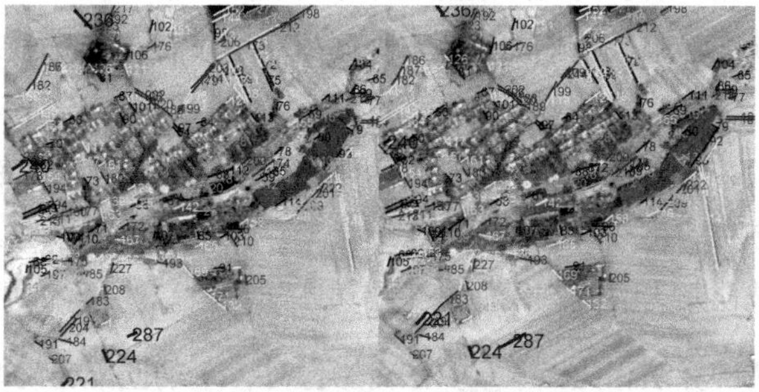

(h) 匹配数目：292 对；正确率：98.29%

图 4-14　本章算法对 8 组影像对的直线匹配结果（续）

通过对匹配结果的直观显示，以及对统计数据进行分析，得出如下结论：①从正确匹配数目来看，除影像对（f）外，本章算法的正确匹配数目均高于其他两种算法。特别对于（a）、（d）、（e）3 组影像对，本章算法正确匹配数目比 LJL 算法分别多 64 对、37 对、31 对，比 N-LPI 算法分别多 27 对、81 对、38 对。②就匹配正确率而言，对于 8 组影像对，本章算法匹配正确率均在 91%以上，且平均正确率高于 95%。除影像对（c）、（f）外，本章算法正确率均高于其他两种算法，对于影像对（c），3 种算法获得的匹配正确率相当。对于影像对（f），本章算法匹配正确率比 LJL 算法和 N-LPI 算法分别低 1.38%、4.82%。③从匹配运行时间来看，本章算法相较于其他两种算法优势较为明显。对于 8 组影像对，LJL 算法、N-LPI 算法平均运行时间分别是本章算法的 8.25 倍、2.16 倍。这是因为其他两种算法均需要提取假定共面的直线对，该过程消耗的时间在整个匹配过程中占比较大。

结合上述统计结果及对 3 种算法匹配结果的分析可发现：①对于同名点分布均匀且密集的平坦地区，3 种算法均可获得较好的匹配结果。如影像对（c），尽管两张影像存在光照变换且存在大量相邻的平行直线，3 种算法仍然可以获得较好的匹配结果，匹配正确率均超过 97%。②N-LPI 算法产生的错误匹配主要分布在同名点稀疏或没有同名点覆盖的区域。这是因为该算法在匹配基元生成、几何描述符构建，以及单应矩阵约束候选匹配时都需要同名点作为基础数据，所以同名点数量和分布对该算法影响较大。③LJL 算法对于平坦区域或地形起伏较小的区域影像匹配精度较高，均超过 90%，如影像对（a）、（c）、（f）和（g），但对于建筑物覆盖的城区影像容易产生错误匹配，如影像对（b）、（d）和（e）。这是因为该算法假设影像上局部邻域内相交的两直线在物方空间是共面的，而对于影像上存在纹理断裂的建筑物区域，非共面直线会被误判为共面直线而产生错误匹配。

与其他两种算法相比，本章算法对影像对（f）的匹配正确率较低，其错误匹配主要分布在只有少量同名点或没有同名点的纹理相似区域。因此，同名点在本章算法中也起着关键的作用，对于上述情况，本章算法也难以获得较高的匹配正确率。对于其他 7 组影像对，本章算法获得相对较多的匹配数目及较高的匹配正确率，这主要得益于以下两个方面：①在描述符构建过程中，一方面利用核线确定参考直线和候选直线的同名端点，构建对应的直线支撑域，解决不同影像上同名直线支撑域内信息不对应问题，确保描述区域的一致对应性；另一方面在直线两侧分别构建描述符，避免由于视角变化、遮挡等因素导致同名直线两侧信息不一致而未匹配或产生错误匹配。②本章算法依次使用核线约束、方位约束和同名点约束将匹配候选逐步缩小至包含较少数目匹配候选的有效范围内，在此基础上，使用双重直线描述符相似性约束和点—线距离约束确定最终同名直线。该算法中多重约束有效地增加了同名直线的数目，提高了匹配正确率。

4.5 本章小结

本章介绍了一种以单直线特征为主的直线匹配算法。首先对算法中涉及的核线约束、方位约束、同名点约束 3 种几何约束的原理分别进行介绍；然后对改进的 LBD 梯度描述符构建进行描述，以及如何确定最终的匹配同名直线；最后将该算法用于 ZY-3 线阵卫星遥感影像直线匹配，对匹配过程中参数设置及不同匹配算法结果的对比分析进行描述，实验结果表明了该算法的有效性。本章算法一方面充分发挥了核线的作用，主要体现在利用核线约束和结合核线的方位约束来确定匹配候选直线，以及在描述符构建过程中用于确定匹配假设直线间的同名端点；另一方面充分发挥了同名点的作用，主要体现在利用点线局部几何关系约束匹配候选，以及利用点线距离约束确定最终匹配直线，有效地避免了邻近平行直线产生的模糊匹配。本章算法不仅可以用于高分辨率线阵卫星遥感影像直线匹配，也可以用于近景影像、航空影像等其他立体影像直线匹配。对于不同的实验影像数据，仅将其中的核线计算方法进行更换即可。

第5章

线对特征约束的近景影像、航空影像直线匹配

与点匹配相比，直线匹配存在的主要难点如下：一是缺少将二维搜索降低到一维的核线约束；二是当直线与核线平行或近似平行时，同名直线段端点的准确对应性难以建立，导致部分几何约束失效及用于构建描述符的一致性区域难以建立；三是直线提取断裂使得同名直线存在“一对多”“多对一”及“多对多”的同名对应关系，同时匹配模糊性的存在使得匹配结果中也包含上述对应关系，其中正确、错误结果混合存在，难以区分及检核。

现有的直线匹配算法从匹配基元的角度讲可分为单直线匹配和组直线匹配两种，前者侧重于搜索范围约束及描述符构建两个方面，虽然目前研究取得了一定的进展，但上述 3 个方面的难点依然存在，同时匹配过程中也缺少对邻近特征直线之间关系的考虑。目前，组直线匹配多为两条直线构成的直线对的匹配，该方法以直线对内两直线交点为主要属性信息，利用该交点的核线约束可将候选直线对的搜索限定到一维的搜索范围内，同时可根据交点构建对应的描述符区域。此外，直线对在编组过程中，同一直线可以与其他不同的直线编组构成直线对并参与匹配，为匹配提供了冗余信息，有利于直线匹配结果的检核。

在已有 LSD 直线提取[53]结果和 ASIFT 匹配[117]获得初始同名点的基础上，本章将介绍一种基于直线对特征约束的直线匹配方法，整体流程如图 5-1 所示。该方法包括编组提取直线对、直线对匹配和匹配结果检核 3 个阶段。第一阶段，根据直线间距离、角度等拓扑关系对参考影像、搜索影像提取的直线分别进行特征编组，提取满足预设条件的特征直线组；第二阶段，充分利用直线组间拓扑关系，依次采用核线约束、单应矩阵约束、局部方位约束确定匹配候选，在此基础上利用基于线对的 Daisy 描述符约束确定最优匹配对，得到参考影像、搜索影像上的同名直线组；第三阶段，将匹配得到的同名直线组分解为同名单直线，根据同名直线组及其分解得到同名单直线建立双层关系矩阵，矩阵 $\boldsymbol{A}$ 和矩阵 $\boldsymbol{B}$，用于记录同名直线组、同名单直线，及其二者之间的对应关系，以及线对相似性、匹配冗余等多源信息。在关系矩阵 $\boldsymbol{B}$ 的基础上，提取局部关系矩阵，得到“一对多”“多对一”“多对多”匹配结果间关联矩阵，并基于此提出一种基于局部关系矩阵的直线匹配结果检核算法，充分利用组直线匹配结果的冗余信息、共线约束、相似性约束对上述匹配结果进行检核，剔除错误匹配结果，保留正确匹配结果，更新对应关系。最后，根据角度约束对匹配结果中所有“一对一”的同名直线对应关系进行检核，得到最终的匹配结果。

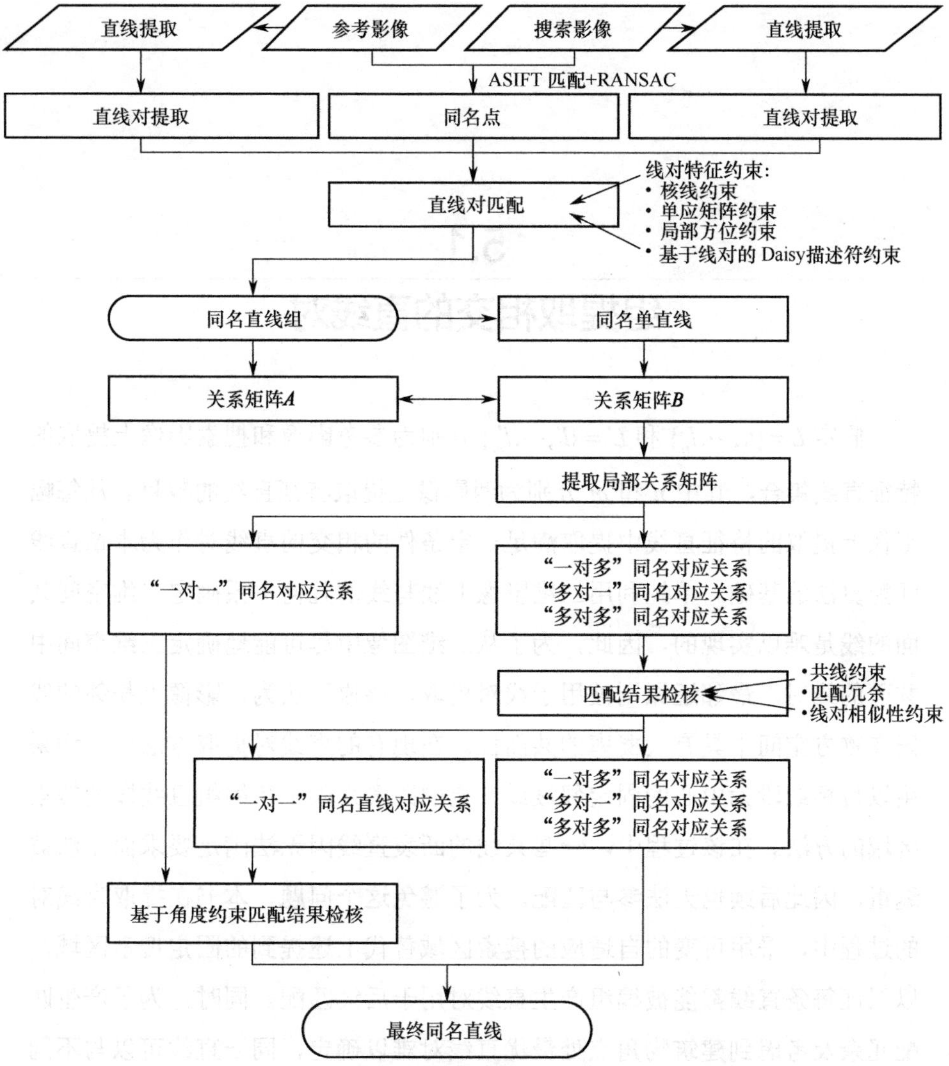

图 5-1　基于直线对特征约束的直线匹配方法整体流程

5.1 组提取相交的直线对

假定 $L=\{l_1,\cdots,l_n\}$ 和 $L'=\{l'_1,\cdots,l'_m\}$ 分别为参考影像和搜索影像上提取的特征直线集合，其中 n 和 m 分别为两影像上提取特征直线的数目。从每幅影像上提取的特征直线中提取满足一定条件的相交的直线对作为本章直线匹配算法的基础。单纯利用二维影像上线与线的几何关系确定三维空间共面的线是难以实现的，因此，为了从二维图像中尽可能地确定三维空间中共面的线对，最邻近原则被用于线对提取，该原则认为，影像上相邻的线段在物方空间中具有大概率的共面性。在现有的直线对提取方法中，均采用以目标线段为中心的固定邻域或一定的距离来限定待编组直线段的搜索区域的方法。在该过程中，一些共线的断裂直线因无法满足要求而无法被编组，因此后续也无法参与匹配。为了避免这个问题，本书在提取直线对的过程中，采用可变的自适应的搜索区域替代上述提到的固定搜索区域，以保证每条直线都能被编组产生直线对用于后续匹配。同时，为了产生匹配冗余及考虑到建筑物角点处最优直线对难以确定，同一直线可以与不同直线构建直线对用于后续匹配。在已有直线提取结果的基础上，直线对提取的具体步骤如下。

（1）定义目标直线邻域区域：对影像上任意一条目标直线段 l_i，其两端点为 a 和 b，确定以直线段一侧端点 a 为圆心，半径为 R 的圆，使其沿着直线方向移动到直线段另一端所经过的范围为该目标直线的邻域范围，如图 5-2 所示。

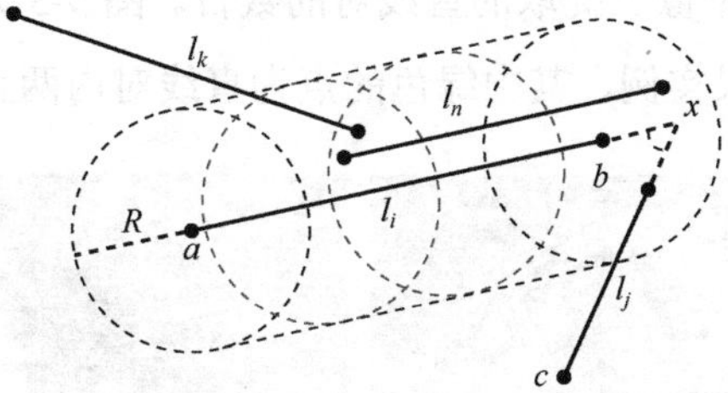

图 5-2　目标直线邻域及直线对提取

（2）直线对提取：确定目标直线邻域范围内存在的直线，分别计算其与目标直线的夹角θ，将夹角满足一定范围的直线分别与目标直线构成特征直线对，即$T_\theta \leqslant \theta \leqslant 180° - T_\theta$，其中$T_\theta$是给定的阈值，用于避免具有较小角度的两条直线构成直线对。直线对中两条直线交点作为重要几何信息用于后续核线约束匹配，近似平行的两条直线交点准确性难以保证。根据文献[98]的参数分析，在本研究中设置$T_\theta = 30°$。在图 5-2 中，l_j和l_k满足上述条件分别与l_i构成直线对，而l_n由于与直线l_i平行未能与其构成直线对。

（3）处理未编组直线：对上述直线对提取过程中未能被编组的目标直线，通过自适应搜索区域增长进一步对其进行编组。迭代扩大圆的半径$R = (N + 1)R_0$，其中，R_0为初始圆半径、N表示第N次迭代，重复上述步骤，直到目标直线产生编组直线对为止。

（4）直线对记录：为了后续表达方便，提取的直线对可表示为 EIE（Endpoint-Intersection-Endpoint）结构，即“端点—交点—端点”结构。如图 5-2 中，由l_i和l_j构成的直线对可以表示为$P(l_i, l_j)$，它的 EIE 结构可表示为$P(x)\binom{a}{c}$，其中，x为直线对中两条直线的交点（后续简称直线对交点），a、c为直线对的两个端点，即直线对中每条线段上与交点距离较远的一侧端点。上述的 EIE 结构也可简写为$P(x)$，表示该直线对的交点为x。

对于两幅影像上提取到的特征直线集合$L = \{l_1, \cdots, l_n\}$和$L' = \{l'_1, \cdots, l'_m\}$，经过上述直线对提取分别得到每幅影像上提取的直线对可记为$L_{pair} = \{P_1(l_i^1, l_j^1), P_2(l_i^2, l_j^2), \cdots, P_N(l_i^N, l_j^N)\}$和$L'_{pair} = \{P'_1(l_i'^1, l_j'^1), P'_2(l_i'^2, l_j'^2), \cdots, P'_M(l_i'^M, l_j'^M)\}$，其中，

N和M分别为两幅影像上提取的直线对的数目。图 5-3 为参考影像、搜索影像上直线对提取结果实例，其中绿色的点为直线对内两直线的交点。

图 5-3　参考影像、搜索影像上直线对提取结果实例

5.2 线对匹配

以参考影像、搜索影像上编组得到的直线对作为匹配基元进行匹配，对每组参考直线对，在匹配过程中依次采用核线约束、单应矩阵约束、局部方位约束确定匹配候选，然后使用基于线对的 Daisy 描述符相似度测量来确定最佳匹配结果。

5.2.1　核线约束

与单直线匹配相比，直线对匹配可以利用的属性信息较多，研究首先利用直线对交点的核线可以将匹配候选直线对的搜索范围从二维降到一维。对参考影像上任意一组参考直线对 $P(x^R)$，其交点 x^R 在搜索影像上的核线为 l'_e。计算搜索影像上各直线对交点到核线 l'_e 的距离，如果满足 $d(x_i^S,l'_e)<T_d$，则直线对 $P'(x_i^s)$ 是一个候选直线对，其中，$d(\cdot)$ 表示点到线或点到点的距离，T_d 为距离阈值，本章中设置 T_d =5。如图 5-4 所示，作为核线约束结果，参考直线对 $P(x^R)$ 有 $P'(x_i^s)$、$P'(x_j^s)$、$P'(x_n^s)$ 3 组候选直线对。

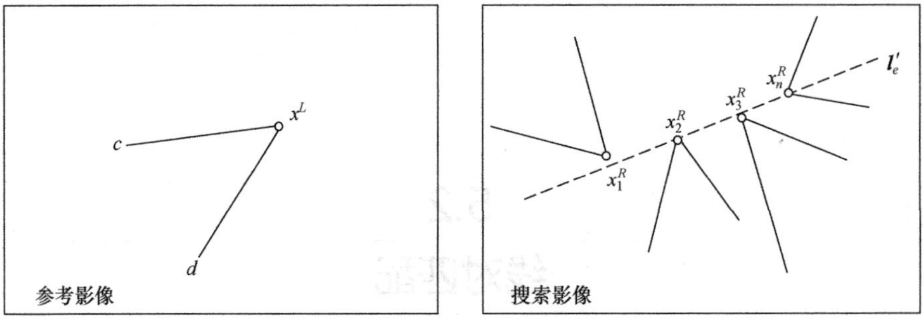

图 5-4　核线约束示意图

5.2.2　单应矩阵约束

利用 3.1.4 中的单应矩阵进一步减少核线上候选匹配的搜索范围，同时设置一个相对宽松的自适应阈值 T_h 用于限定单应矩阵约束的搜索范围。阈值计算过程如下：首先利用 ASIFT 匹配获取的初始同名点计算初始单应矩阵 $\boldsymbol{H}_0$，利用 $\boldsymbol{H}_0$ 将参考影像上所有同名点映射到搜索影像上，计算搜索影像上映射点与其对应同名点的距离，根据距离直方图，将距离大于一定阈值的同名点移除；然后利用剩余的同名点计算单应矩阵 $\boldsymbol{H}$，利用 $\boldsymbol{H}$ 重复上述点映射及距离计算过程，计算所有距离的均值和最大值，分别记为 d_{mean} 和 $d_{\max}$，选取其中小值用于计算阈值 T_h，同时，为了避免同名点数目、分布对 $\boldsymbol{H}$ 精度的影响，增加一个缓冲值 k，即 $T_h=\min(d_{\text{mean}},d_{\max})+k$，在本章实验中，$k=20$。图 5-5（a）、（b）分别为基于初始单应矩阵及基于优化后单应矩阵映射得到的距离直方图。

在此基础上，单应矩阵约束原理如下：利用单应矩阵 $\boldsymbol{H}$ 将参考影像上参考直线对交点 x^R 映射到搜索影像上，得到其在搜索影像上的映射点 $\tilde{x}^R=\boldsymbol{H}x^R$，分别计算候选对交点与 $\tilde{x}^R$ 的距离，如果 $d(x_i^S,\tilde{x}^R)<T_h$，则保留该候选直线对；否则，将其删除。

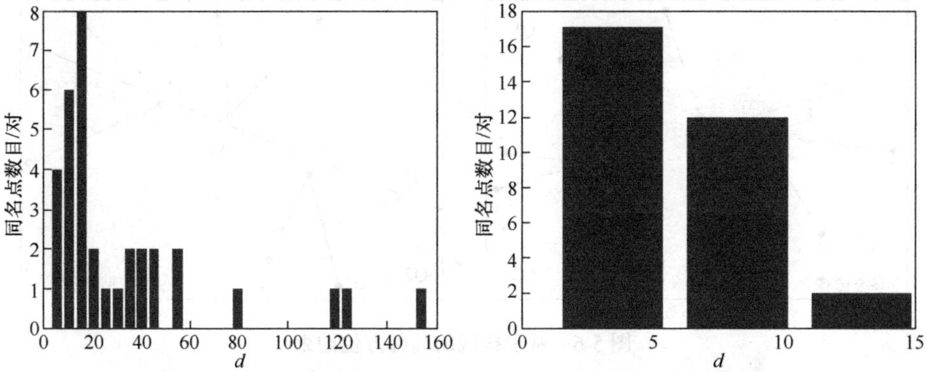

(a) 基于初始单应矩阵映射得到的距离直方图　　(b) 基于优化后单应矩阵映射得到的距离直方图

图 5-5　不同单应矩阵映射产生的对应点距离直方图

5.2.3　局部方位约束

为了降低计算复杂度，进一步利用核线与直线对的局部方位约束对满足上述条件约束的候选直线对进行筛选。类似于影像分割，同名核线将两幅影像划分为两个对应的同名区域，而同名特征直线一定位于两幅影像的对应区域，因此，对于搜索影像上满足局部方位约束的候选直线对，其与核线的局部方位应与参考影像上参考直线对与核线的局部方位保持一致。

以匹配假设$[P(x_1^R),P'(x_1^S)]$为例，$P(x_1^R)$为参考直线对，$P'(x_1^S)$为搜索直线对，参考直线对中交点x_1^R在搜索影像上的核线为l'_e，候选直线对中交点x_1^S在参考影像上核线为l_e。假定$[P(x_1^R),P'(x_1^S)]$是同名直线对，即两直线对的交点为同名点。为了构建虚拟的同名核线，在两幅影像上分别移动核线l'_e、l_e使其通过对应直线对的交点，如图 5-6 所示，移动后得到虚拟同名核线分别如图中虚线所示，两幅影像被划分为两个对应的同名区域。为了确定对应区域，研究利用初始匹配点来确定两条同名核线的对应方向。根据每幅影像中核线的方向，分别将核线逆时针、顺时针对应的区域定义为象限 Q1 和 Q2。如图 5-6 所示，两核线向量分别为$\overrightarrow{x_1^R e}$和$\overrightarrow{x_1^S e'}$，分别以交点$x_1^R$和$x_1^S$为起点。参考直线对中两向量分别为$\overrightarrow{x_1^R a}$、$\overrightarrow{x_1^R c}$，候选直线对中两向量分别为$\overrightarrow{x_1^S a'}$、$\overrightarrow{x_1^S c'}$。

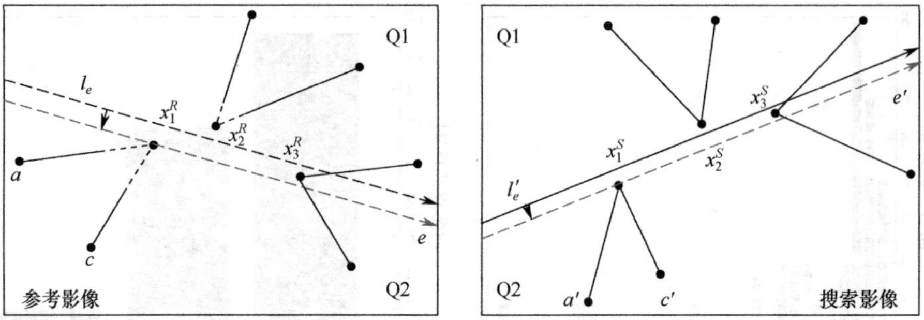

图 5-6　基于核线的局部方位约束

直线对中两条直线所在的局部区域（象限）可以通过计算核线与直线向量的叉积来确定。对于 $\delta=\overrightarrow{x_1^R e}\times\overrightarrow{x_1^R a}$ ，如果 $\delta>0$ ，向量 $\overrightarrow{x_1^R a}$ 位于 Q1 象限，如果 $\delta<0$ ，向量 $\overrightarrow{x_1^R a}$ 位于 Q2 象限。因此，对于参考线对和满足局部方位约束的候选直线对，应满足式（5-1）中的前两个条件之一：

$$Ori_{Pair1,Pair2}=\begin{cases} True \ \ if \ (\delta\cdot\vartheta>0)\wedge(\delta'\cdot\vartheta'>0)\wedge(\delta\cdot\delta'>0) \\ True \qquad if \ (\delta\cdot\vartheta<0)\wedge(\delta'\cdot\vartheta'<0) \\ False \qquad\qquad otherwise \end{cases} \tag{5-1}$$

其中，$\wedge$ 表示逻辑“与”操作，符号“·”表示乘运算。δ 、ϑ 分别表示虚拟核线与参考直线对中两条直线的叉积，δ' 、ϑ' 分别表示虚拟核线与候选直线对中两条直线的叉积。式（5-1）中，$\delta=\overrightarrow{x_1^R e}\times\overrightarrow{x_1^R a}$ 、$\vartheta=\overrightarrow{x_1^R e}\times\overrightarrow{x_1^R c}$ 、$\delta'=\overrightarrow{x_1^S e'}\times\overrightarrow{x_1^S a'}$ 、$\vartheta'=\overrightarrow{x_1^S e'}\times\overrightarrow{x_1^S c'}$ ，其中，$\times$ 表示叉积运算。

由于匹配假设 $[P(x_1^R),P'(x_1^S)]$ 满足式（5-2）中第一个条件，因此候选直线对 $P'(x_1^S)$ 满足局部方位约束。此外，在图 5-6 中，还有另外两组匹配假设满足局部方位约束，即 $[P(x_2^R),P'(x_2^S)]$ 和 $[P(x_3^R),P'(x_3^S)]$ 分别满足式（5-2）中的第一个条件和第二个条件。

5.2.4　基于线对的梯度描述符相似性约束

经过上述 3 种几何约束后，得到最终的匹配候选直线对。采用基于直线对的 Daisy 描述符相似性约束从中确定最优的同名匹配对。随着 SIFT 描述符的生成[114]，在点匹配过程中，梯度描述符已被证明比经典的基于灰度相关的方法（如标准互相关）对灰度变化更具稳健性。随后，Tola 等人[113]提出了用于点密集匹配的 Daisy 描述符，该描述符通过计算梯度方向直方图构建描述符，并被证明具有高效性。近来，Ok 等人[99]在基于点的 Daisy 描述符的基础上，提出了基于线的 Daisy 描述符，用于特征直线间的相似度计算。在建立该描述符的过程中，将参考线段和候选线段对应部分的中心点视为描述符的中心网格点。该过程首先需要利用核线几何确定参考线段与候选线段间假定同名端点间的对应关系。当核线与待匹配线段近乎平行时，两线段端点之间的准确对应关系难以建立。为了避免这个问题，研究提出基于直线对的 Daisy 描述符用于线对的相似度计算，该描述符构建过程中利用了直线对的交点、直线对两端点，以及交点与每个端点连线的中点。

（1）建立参考直线对、搜索直线对中单直线的对应关系。由于在直线对提取过程中不能同时兼顾不同影像上直线间的对应关系，因此在建立直线对的 Daisy 描述符时，首先需要建立参考直线对和每个候选直线对内单直线的对应关系。根据 5.2.3 节中局部方位约束结果，如果参考直线对与候选直线对中的两条线段都分别位于核线两侧象限，即满足式（5-1）中的第二个条件，则两幅影像上位于相同象限的直线满足“线—线”的假设对应关系。图 5-6 中匹配假设对 $p(x_3^R)$ 和 $p'(x_3^S)$，两直线对中直线分别位于 Q1 和 Q2 象限，因此在该匹配假设中，位于 Q1 象限的两条直线满足“线—线”的假设对应关系，位于 Q2 象限的两条直线满足“线—线”的假设对应关系。对于参考直线对与候选直线对中两条线段同时位于核线同一侧的，即满足式（5-1）中的第一个条件，图 5-6 中匹配假设对 $[P(x_1^R),P'(x_1^S)]$ 和 $[P(x_2^R),P'(x_2^S)]$。在这种情况下，需要根据核线与两条直线的夹角大小建立直线对中单直线的对应关系。如图 5-7 所示，分别顺时针旋转核线到直线对中两线段，两直线对中小旋角对应的直线满足“线—线”的假设对应关系，如（$\overrightarrow{x^R a}$, $\overrightarrow{x^S a'}$），同理，两直线对中大旋角对应的直线满足“线—线”的假设对应关系，如（$\overrightarrow{x^R c}$, $\overrightarrow{x^S c'}$）。

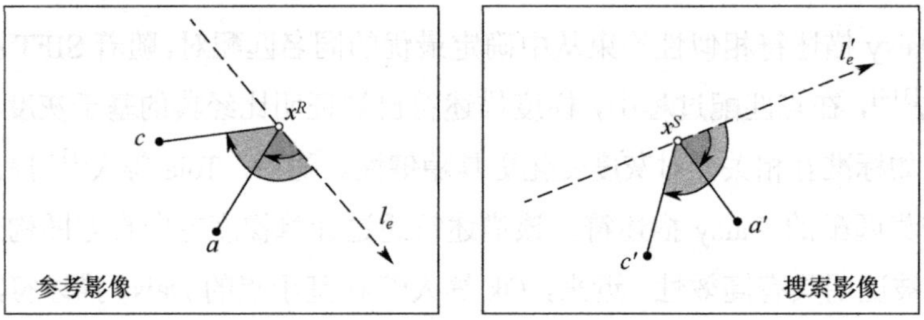

图 5-7　两影像上对应直线对中“线—线”对应关系的建立

（2）基于直线对的 Daisy 描述符。基于参考直线对和候选直线对间单直线的假设对应关系，对应地建立两直线对的 Daisy 描述符。以图 5-8（a）所示的点 Daisy 描述符为基础，通过整合直线对中 5 个点的 Daisy 描述符，得到直线对的 Daisy 描述符，其中，5 个点分别为直线对中两条线段的交点 x、线段两端点 a 和 c，以及交点与每个端点连线的中点 b 和 d，分别对应图 5-8（b）中 x，a，c，b，d 这 5 个点，可记为点集 X。

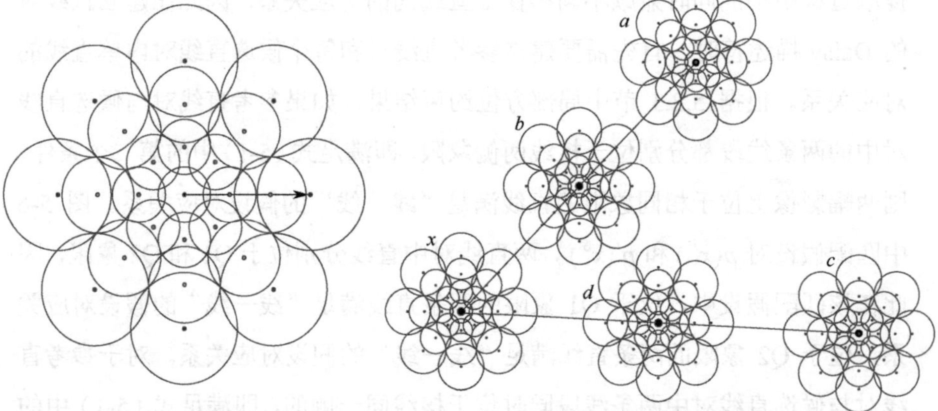

(a) Daisy 描述符　　(b) 线对描述符构建示意图

图 5-8　基于线对的 Daisy 描述符

（3）线对描述符相似度计算。本章采用 Ok 等人[99]提出的两种相似度计算方法对直线对描述符相似度进行计算，M_S、C_S 分别与欧氏距离和互相关计算相关。Ok 等人[99]使用这两种相似性测量方法计算两组 Daisy 网格点的直方图之间的相似性。与上述不同的是，本章使用点 Daisy 描述符来代替 Daisy

网格点的直方图。

$$M_S(D_R,D_S)=\frac{1}{1+\sum_{k=1}^{N}(\|D_R(X_k)-D_S(X_k')\|)^2} \tag{5-2}$$

$$C_S(D_R,D_S)=\sum_{k=1}^{N}\{\max[0,\rho(D_R(X_k),D_S(X_k'))]\} \tag{5-3}$$

在式（5-2）中，$D_R(X_k)$ 表示参考直线对点集 X 中每个点 X_k 的描述符，$D_S(X_k')$ 表示搜索直线对点集 X' 中每个点 X_k' 的描述符，其中 $N=5$，操作符 $\|\cdot\|$ 表示两个 Daisy 描述符的欧氏距离。在式（5-3）中，$\rho(D_R,D_S)$ 表示两个 Daisy 描述符的互相关系数。基于直线对的 Daisy 描述符相似度计算如式（5-4）所示。

$$\mathrm{sim}_D=\min\{\max[M_S^1,M_S^2,\ldots,M_S^Q],\max[C_S^1,C_S^2\ldots,C_S^Q]\} \tag{5-4}$$

sim_D 表示两个描述符的相似度，Q 为候选直线对的数目。如果 sim_D 大于给定阈值 T_S，则对应 sim_D 的候选直线对被认为是参考直线对的最终同名直线对。

5.3 匹配结果检核

5.3.1 非“一对一”匹配结果检核

通过 5.2.4 节的直线对匹配，获得了线对—线对的匹配对应关系。根据直线对中的单直线对应关系将上述匹配结果中每对同名直线对分裂为两对同名单直线。由于同一条直线可以在不同的直线对中参与匹配，因此结果中存在大量的冗余信息。这些冗余信息中正确匹配、错误匹配混合存在，“多对多”结果之间关联复杂，加大了结果检核的难度，因此，如何充分利用这些冗余信息并从中提取正确的匹配结果是一个具有挑战性的问题。

Al-Shahri 等人[87]用 Affinity Matrix 记录直线间相似性测度，受益于该思想，研究用矩阵记录同名特征间对应关系，同时矩阵中的元素可以用于记录多源信息，如对应关系存在的数目、同名特征的相似性系数等。为了能有效、直接地建立匹配结果中“多”直线间的关联，以及对冗余信息进行记录，本章建立了一种基于双层关系矩阵的组直线匹配结果记录方式，并基于此提出了一种基于双层关系矩阵的组直线匹配结果检核算法。

1. 关系矩阵建立

根据同名直线对及同名单直线建立双层关系矩阵示意如图 5-9 所示。

上层关系矩阵 $\boldsymbol{A}$ 为参考影像、搜索影像上的直线组对应的关系矩阵，初始化矩阵中所有元素为零，矩阵行、列号分别表示参考影像、搜索参考影像上直线组索引，其中，$P=\{P_1,\cdots,P_N\}$ 对应参考影像上的直线对，$P'=\{P'_1,\cdots,P'_M\}$ 对应搜索影像上的直线对。利用匹配得到同名直线对，对矩阵 **A** 进行更新，矩阵中每一个非零元素表示其对应的行、列号索引的直线对为匹配得到的一对同名直线对，该元素值为两直线对特征相似性系数。假定 (P_i,P'_j) 是一对同名直线对，矩阵第 i 行第 j 列的值更新为直线对描述符相似性系数，即 $A_{i,j}=\mathrm{sim}_D(P_i,P'_j)$。在一般情况下，特征相似性系数越大，匹配的可靠性越高。

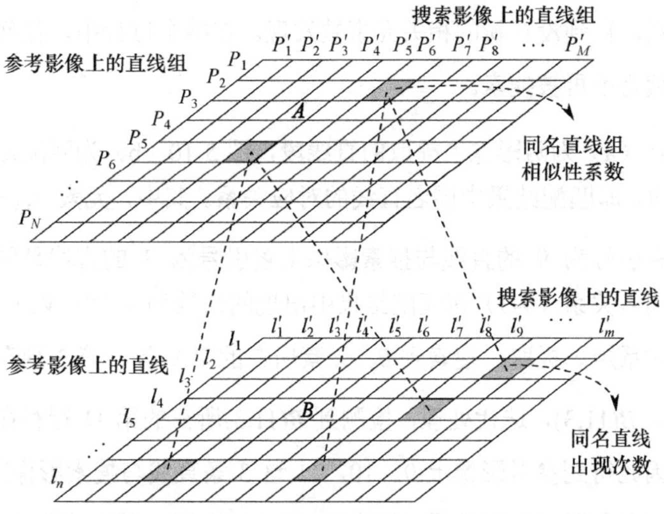

图 5-9　双层关系矩阵示意

下层关系矩阵 **B** 为参考影像、搜索影像上单直线对应的关系矩阵，矩阵行、列号分别表示参考影像、搜索影像上直线索引，其中，$L=\{l_1,\cdots,l_n\}$ 对应参考影像上的直线，$L'=\{l'_1,\cdots,l'_m\}$ 对应搜索影像上的直线。矩阵中每一个非零元素表示其对应的行、列号索引的直线为匹配得到的一对同名直线，该元素值为该对同名关系出现在匹配结果中的次数，同时记录与上层关系矩阵的对应关系。在一般情况下，**B** 矩阵中元素的值越大，其对应的两条直线是同名直线的可能性越大。此外，矩阵 **A** 中每一个非零元素对应矩阵 **B** 中两个非零元素，即一对同名直线组对应两对同名单直线。

2. 局部关系矩阵提取

关系矩阵 $\boldsymbol{B}$ 能直接记录同名直线间对应关系及其出现的次数，且通过搜索关系矩阵易于建立“一对多”“多对一”“多对多”匹配结果间的关联，得到局部关系矩阵，具体实现过程如下：对于任意非零元素 B_{i_0,j_0} 被识别，则通过判断 B_{i_0,j_0} 元素所在的行、列是否存在其他非零元素来确定该匹配结果是否包含“多”直线对应关系。如果存在，认为这些非零元素对应的匹配结果与 B_{i_0,j_0} 元素对应的匹配结果相关。如果在上述判断过程中发现了非零元素，则重复该判断，直到没有新的相关元素被发现。在整个过程中，任何被搜索到的元素后续将不再被搜索。

图 5-10（a）为两影像上提取的直线段，图 5-10（b）为匹配结果对应的关系矩阵 $\boldsymbol{B}$，即匹配结果中同名直线的对应关系。其中，元素 $B_{9,3}=4$ 表示参考影像上索引号为 9 的直线与搜索影像上索引号为 3 的直线是同名对应关系，且该同名关系（9-3）在匹配结果中出现的次数为 4 次。以 $B_{9,3}=4$ 为例进行局部关系矩阵提取，搜索到 $B_{9,3}$ 元素所在的第 9 行、第 3 列存在非零元素 $\boldsymbol{B}(10,3)$、$\boldsymbol{B}(11,3)$，迭代处理，检测到 $\boldsymbol{B}(11,3)$所在的第 11 行存在非零元素 $\boldsymbol{B}(11,1)$，因此得到参考影像上 9、10、11 这 3 条直线与搜索影像上 1、3 两条直线之间存在同名对应关系，记为[(9,10,11)-(1,3)]，其对应图 5-10（c）中所示的第二个局部关系矩阵。此外，通过对关系矩阵 $\boldsymbol{B}$ 进行局部关系矩阵提取，同时得到图 5-10（c）中另外两组局部关系矩阵，对应关系可分别记为[(1,2,3,4)-(8,9)]、[(8,13)-(4)]，进而还得到(5-6)、(6-7)、(7-5)、(12-2)、(14-10)、(15-11)6 组一对一同名对应关系。

图 5-10（c）为提取到的局部关系矩阵；图 5-10（d）为共线直线整合后局部关系矩阵；图 5-10（e）为最终结果矩阵。空白格默认值为 0，图中第一列、第一行分别为参考影像、搜索影像上的直线索引，二者不参与搜索。

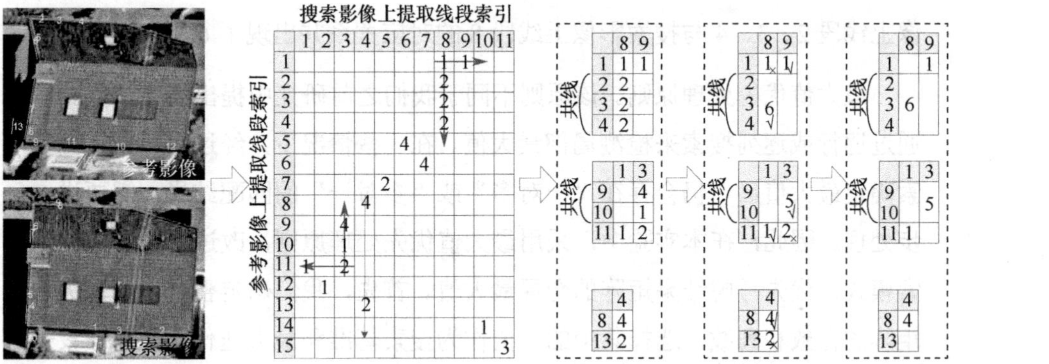

(a) 两影像上提取的直线段　(b) 关系矩阵$\boldsymbol{B}$　(c) 局部关系矩阵　(d) 共线直线整合后局部关系矩阵　(e) 最终结果矩阵

图 5-10　局部关系矩阵提取

3．基于共线约束及匹配冗余的线匹配结果检核

局部相关矩阵可清晰地表达两影像之间复杂的匹配对应关系。经过局部关系矩阵提取，得到“一对多”“多对一”“多对多”匹配结果间的关联矩阵。对结果中涉及的单幅影像上的“多”直线，根据两条线段之间角度、距离和重合度确定两条线段之间的几何关系，进而确定共线线段。在本实验中，满足共线条件的两条直线应满足如下条件：两条线段之间的重叠度为零；两条线段之间的夹角小于 30°；两条线段相邻的两个端点之间的距离小于阈值T_1；其中任意一条线段的两个端点到另一条线段的垂直距离小于阈值T_2。在本实验中，T_1和T_2分别被设为 1.7 和 12。满足上述 4 个条件的两条直线段被认为满足共线条件。

根据上述原理，对局部关系矩阵中涉及的参考影像、搜索影像上的特征线分别进行判断，确定共线线段。然后对存在共线关系的直线匹配结果进行整合，将搜索影像上共线直线对应的结果分别在行方向求和，相反，对参考影像上共线直线对应的结果分别在列方向求和。如图 5-10（c）所示，在表示[(1,2,3,4)-(8,9)]对应关系的局部关系矩阵中，参考影像上 2、3、4 三条线段共线且平行于线段 1，搜索影像上 8、9 两条线段近似平行。将共线线段的匹配结果进行整合，得到的结果矩阵如图 5-10（d）所示。经过整合，参考影像上线段 2、3、4 与搜索影像上线段 8 的对应关系共出现了 6 次。

最大值优先处理原则。该原则不同于我们之前研究中提出的方法[98]，即通过逐行或逐列搜索来检测局部最大值。在一些情况下，经过逐行或逐列搜索确定最大值后，仍会存在“一对多”或“多对一”的匹配结果，需要进一步处理。因此，在本实验中，采用最大值优先处理原则，改进原方法中的搜索模式，优先考虑结果矩阵的全局最大值。首先，我们确定整合后局部关系矩阵的行数和列数，选择其中的小值作为搜索基准和最大迭代次数。假设矩阵的列数比行数少，则将列视为基准。其次，确定矩阵最大值所在的列，优先选择列中的最大值表示的对应关系为正确匹配，然后将最大值所在的行、列中其他元素更新为 0。重复上述步骤直到迭代次数达到最大值，在这个过程中不再检索之前检索到的最大值。在上述处理过程中，如果列中存在多个最大值，则需要进一步结合矩阵 $\boldsymbol{A}$ 中的相关系数进行确定，即从中选择相关系数较大者对应的匹配关系为正确的匹配对应关系。

图 5-10（d）为共线整合后的局部关系矩阵，以图中第二组局部关系矩阵为例，整合后的矩阵为 2 行 2 列，因此，迭代次数为 2 次。第一次搜索到矩阵的最大值为 5，其位于第 1 行第 2 列，因此将第 1 行第 2 列其他值更新为 0；第二次搜索到矩阵的最大值为 1，更新其所在的行、列其他值为 0。最后两个非零值对应的同名关系(11-1)和[(9,10)-3]被保留。

通过上述整合与检核，可以从非“一对一”匹配结果中有效地区分出正确、错误的匹配，得到新的“一对一”“一对多”“多对一”和“多对多”的同名对应关系。例如，我们从图 5-10（c）中的 3 个局部相关矩阵中得到[(2,3,4)-8]、(1-9)、(11-1)、[(9,10)-3]、(8-4)这 5 组同名对应关系，该结果可以从图 5-10（e）中观察到。

5.3.2 “一对一”匹配结果检核

对“一对多”“多对一”“多对多”匹配结果进行检查后，进一步对“一

对一”对应关系进行检查，其中包括由初始匹配直接得到的“一对一”对应关系和由非“一对一”匹配结果检核分离出来的“一对一”对应关系。在检核过程中，对结果中任意“一对一”对应关系的同名直线(l_1,l_2)，假设 θ_1 和 θ_2 分别为两条直线与对应的同名核线的夹角。如果 θ_1 和 θ_2 之间的绝对差值（$\theta=|\theta_1-\theta_2|$)满足 $\theta<60°$，则（l_1,l_2)是一个正确的匹配。该约束可以有效去除一些明显的错误匹配，进而提高匹配的准确性。

5.4 近景影像直线匹配实验与分析

5.4.1 实验数据

为了验证本章算法的有效性，以及与其他算法公平地对比分析，研究从 Li 等人[118]建立的基准数据集中选取具有代表性的影像数据用于直线匹配。该数据集中包含影像对、每幅影像的 LSD 直线提取结果以及基于提取直线的同名对应关系（真实对应关系，真值）。数据集中的影像在现有线段匹配研究中经常被使用，其中不仅包含如旋转变化、光照变化、影像模糊、尺度变化、JPEG 压缩、视角变化等影像，还包含如弱纹理、遮挡和非平面场景等特殊场景的影像。研究从中选取 12 组影像对用于直线匹配及对比分析实验，如图 5-11 所示，影像对的基准数据信息统计如表 5-1 所示，其中，N1、N2 分别表示参考影像、搜索影像上提取直线的数目，G1、G2 分别表示真值中包含参考影像、搜索影像上直线的数目。

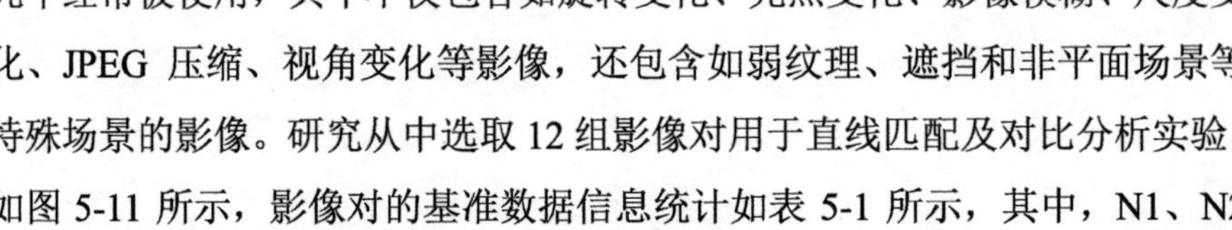

(a) 旋转变化　　(b) 弱纹理

图 5-11　实验影像对

(c) 弱纹理　(d) 光照变化

(e) 视角变化　(f) 光照变化

(g) 影像模糊　(h) 视角变化+宽基线

(i) 视角变化+宽基线　(j) JPEG 压缩

(k) 尺度变化　(l) 视角变化+光照变化+弱纹理

图 5-11　实验影像对（续）

表 5-1　12 组影像对的基准数据信息统计

	(N1,N2)	(G1,G2)		(N1,N2)	(G1,G2)		(N1,N2)	(G1,G2)
(a)	(537,556)	(448,484)	(e)	(1071,1016)	(867,870)	(i)	(508,553)	(329,318)
(b)	(101,98)	(90,69)	(f)	(944,448)	(389,391)	(j)	(569,896)	(361,363)
(c)	(102,82)	(66,70)	(g)	(1712,450)	(540,373)	(k)	(354,589)	(93,59)
(d)	(572,275)	(308,241)	(h)	(1007,999)	(481,587)	(l)	(197,366)	(137,120)

为了评估直线匹配算法的性能，本章采用两种度量指标对直线匹配结果进行评价：匹配正确率（accuracy）和召回率（recall）[97]。匹配正确率是指正确的匹配对应关系与匹配结果中对应关系总数目之比。需要说明的是，由于本章算法涉及匹配结果整合，因此匹配结果中包含“一对一”“一对多”“多对一”和“多对多”的匹配对应关系。召回率是指包含在正确匹配对应关系中直线的数目与包含在真实对应关系中直线数目之比。“1-recall”表示直线的漏匹配率，即在真实对应关系中存在“线—线”的匹配对应关系，但是匹配算法未检测到该结果。因为匹配结果和真实的参考对应关系中均包含“一对多”“多对一”和“多对多”匹配对应关系，所以匹配结果中包含两幅影像上直线的数目不等，如表 5-1 中的 G1 和 G2 所示。鉴于此，本章在对匹配结果进行评价时，对两幅影像的直线匹配结果分别进行处理。即对于每幅影像，直线匹配正确率等于该影像上被正确匹配的直线的数目与匹配结果中包含该影像上直线的数目之比，召回率等于该影像上被正确匹配的直线的数目与真实结果中包含该影像上直线的数目之比。

5.4.2 参数选择

为了避免参数阈值难以设置，以及不同参数对匹配结果的影响，本章算法尽可能使用较少的参数。

1. 线对提取阶段参数选择

线对提取阶段涉及 T_θ 和 R 两个参数。参数 R 用于限定线段搜索区域的大小，参数 T_θ 用于约束直线对中两直线的角度。考虑到直线对匹配过程中直线对交点的重要性，构成直线对的两条直线需要满足一定的角度。在之前的研究中，对 T_θ 和 R 取不同值时匹配结果的准确性进行了讨论，得出如下结论：当 $T_\theta = 30$、$R = 20$ 时，匹配结果最优。因此，在本研究中，设定 $T_\theta = 30$。为了避免物方非共面的两条直线构成直线对，以及降低匹配复杂度，在现有的研究中[97,98,99]均使用固定的 R 值，该方案使得一些直线未被编组，不能参加直线匹配，从而导致匹配结果数目减少。为了解决这个问题，本章算法在直线对提取过程中使用可变 R 代替固定 R。研究中将其初始值 R_0 依次设置为 10、15、20 和 25，选择图 5-11（a）～（c）3 组代表性的影像进行实验，用于确定合适的初始值 R_0。同时，为了验证该策略的有效性，我们对可变 R 与固定 R 的匹配结果进行对比分析。实验过程中初步设置 $T_d = 5$、$T_s = 0.03$。

实验结果如图 5-12 所示，从中可以发现，对于固定 R，R 值越大，两影像上编组提取到的直线对数目越多，如直方图中蓝色部分所示。该部分也表示可变 R 在初始值 R_0 的情况下提取直线对的结果。之后，对于可变 R，随着 R 的增加，所有直线均被编组产生直线对（迭代增加 R 直到所有直线均被编组），该过程增加的直线对数目表示如直方图中橙色部分所示。对于取不同初始值的可变 R，每个直方图上蓝色、橙色两部分直方图总和即为其最终提取直线对的数目。从中得出如下结论：对于可变 R，在大多数情况下，提取直线对总数目随着初始值 R_0 的增加而增加。

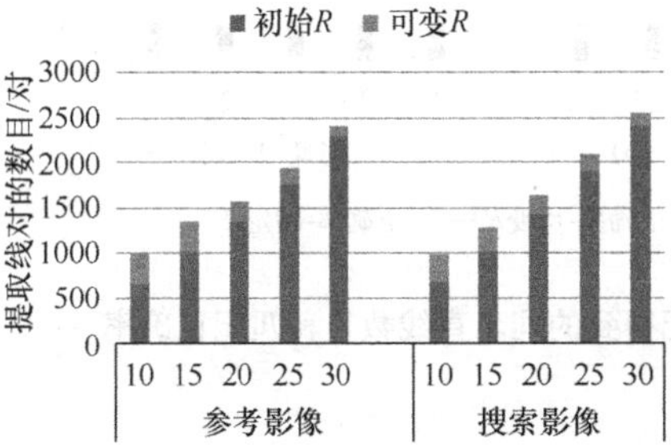

(a) 影像对（a）

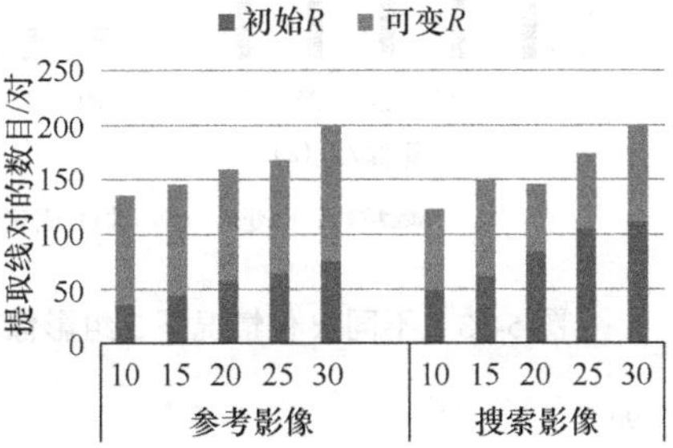

(b) 影像对（b）

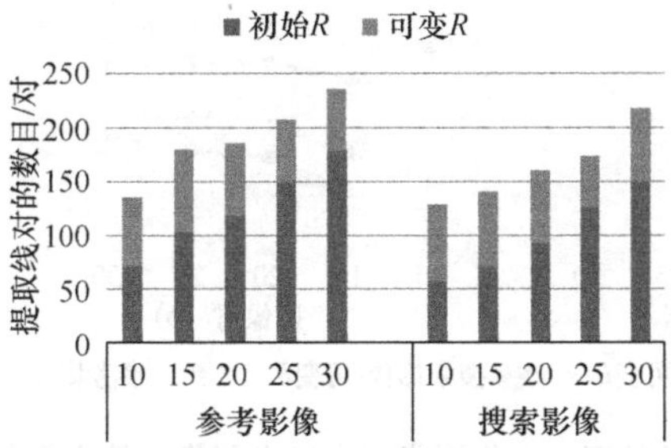

(c) 影像对（c）

图 5-12　图 5-11（a）～（c）3 组影像对基于固定 R 值和可变 R 值提取直线对的数目

图 5-13 为本章算法在上述两种策略下，基于不同 R 值得到的同名直线数目和匹配正确率，图 5-14 为对应的参考影像、搜索影像上的直线匹配召回率。从中可以发现，本章算法采用可变 R 值比采用固定 R 值能获得的更优的召回率和同名直线数目，即采用可变 R 值能获得更多的匹配结果及更高的匹配正确率。对于 3 组影像，两种策略在 $R = 20$ 时均获得最高的正确率。从图 5-13 中可以看出，对于影像对（b）和（c），本章算法在 $R = 20$ 和 $R = 25$ 时同时达到峰值，此时对于 3 组影像获得的召回率具有可比性的结果。同时，考虑到基于不同 R 值提取到直线对的数目对计算量产生的影响，$R = 20$ 被选择用于后续匹配。

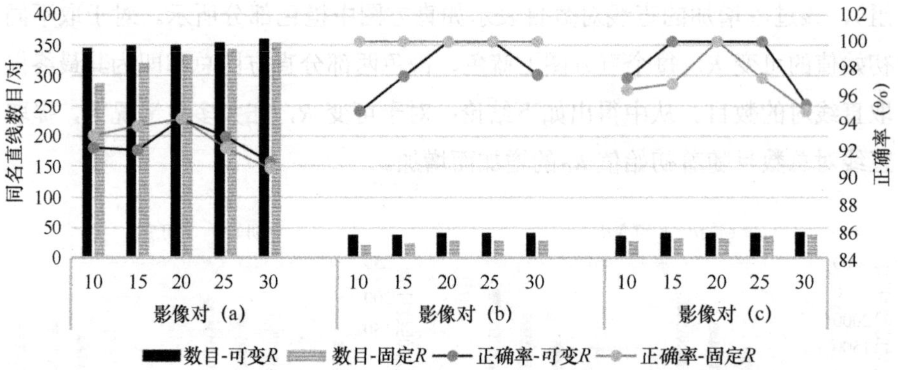

图 5-13　不同 R 值情况下 3 组影像对匹配得到的同名直线数目和匹配正确率

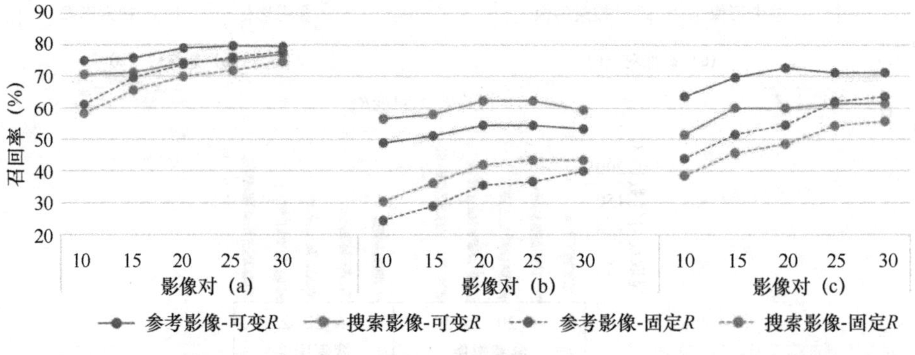

图 5-14　不同 R 值情况下 3 组影像对中参考影像、搜索影像上的直线匹配召回率

此外，本章算法当 R 在一定范围（10～30）内取不同值时，匹配正确率

受 R 值影响较小，3 组影像匹配正确率分别在 91.11%～94.29%、94.87%～100%、95.35%～100%范围内波动。

2. 线对匹配阶段参数选择

在线对匹配阶段，本章算法仅用 T_d 、T_h 和 T_s 这 3 个参数，其中，T_d 和 T_h 是距离阈值，用于确定匹配候选直线，T_s 是相似性测度阈值，用于确定最终的同名直线对。鉴于 T_h 是一个关于全局单应矩阵的自适应参数，这里仅对 T_d 、T_s 两个参数进行分析。图 5-11 中（a）、（d）和（e）3 组影像对被选取用于参数分析。根据前面的分析，固定 $R = 20$，并暂设 $T_s = 0.03$，对 T_d 分别取值 1～7 的情况下进行实验，结果如图 5-15 和 5-16 所示。从中可以发现，本章算法匹配得到的同名直线数目和匹配正确率受 T_d 取值变化的影响较小，并且在 $T_d \in [1,2,\cdots,7]$ 时，匹配正确率曲线变化没有明显的规律性，其在 T_d=2 和 T_d=5 时出现局部峰值。召回率也呈现出相同的现象。考虑到利用同名点实时计算核线的精度，最终选择了相对较为宽松的参数阈值 T_d=5 。

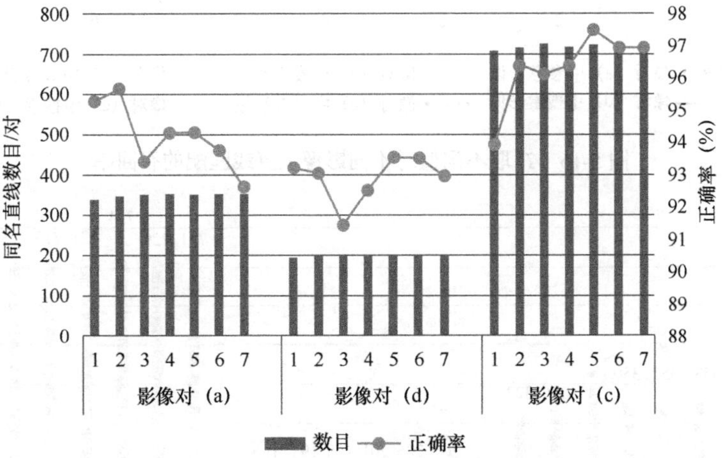

图 5-15　T_d 取不同值时 3 组影像对匹配得到的同名直线数目和匹配正确率

根据上述分析，固定 $R = 20$ 和 T_d=5 ，T_s 的取值范围为 0.01～0.06，同样对图 5-11 中（a）、（d）和（e）3 组影像对进行实验，实验结果显示如图 5-17 所示。随着 T_s 取值的增加，同名直线数目逐渐减少，而匹配正确率曲线没有明显的规律性。对于匹配正确率，影像对（a）在 T_s=0.03 和 T_s=0.06 时达到局部峰值，影像对（d）在 T_s=0.05 时达到峰值，影像对（e）在 T_s=0.03 时达到峰值。对于召回率，如图 5-18 所示，3 组影像的 6 条召回率曲线中有 4 条在 T_s=0.03 时达到峰值，2 条分别在 T_s=0.02 和 T_s=0.04 处达到峰值。因此，综合考虑正确匹配数目和匹配正确率两方面因素，本章选择 T_s=0.03 。

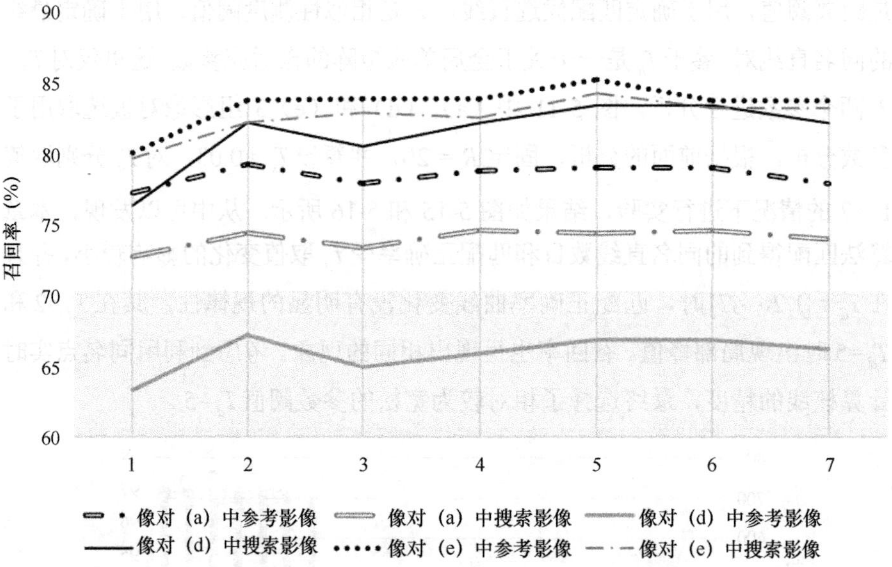

图 5-16　T_d 取不同值时不同影像上直线匹配的召回率

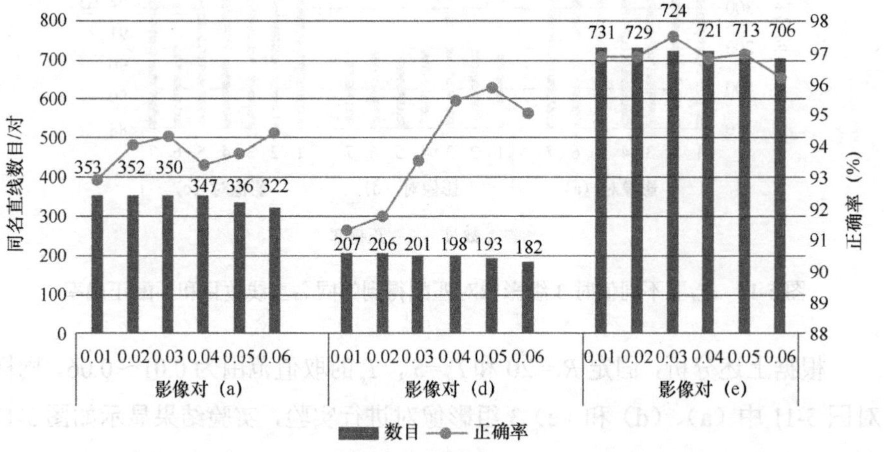

图 5-17　T_s 取不同值时 3 组影像对匹配得到的同名直线数目和匹配正确率

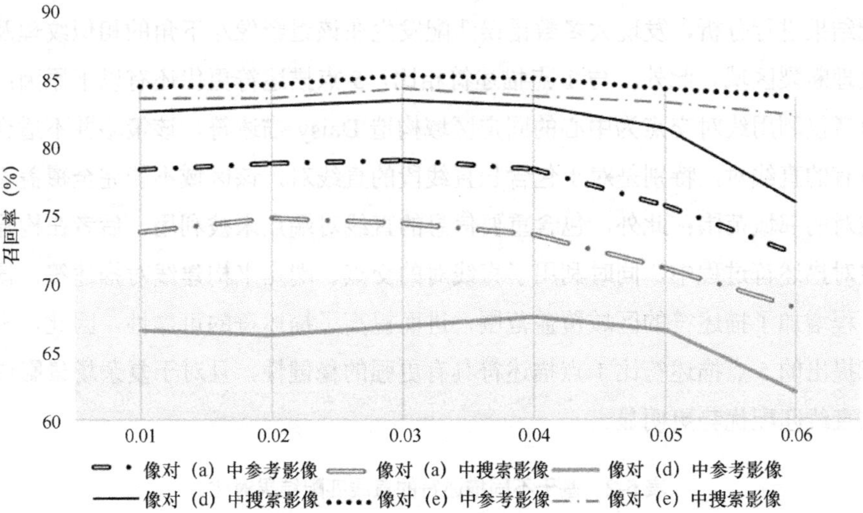

图 5-18　T_s 取不同值时不同影像上直线匹配的召回率

5.4.3　性能评估

1. Daisy 直线对描述符的稳健性

在本章算法中，直线对描述符是基于点的 Daisy 描述符来构建的，我们利用直线对中 5 个点来构建直线对描述符，分别是直线对中两线段的交点、直线对的两个端点以及上述二者的中点。在现有的研究中，一些方法是通过匹配直线对的交点来获得同名直线的[92,97]，这些方法是以直线对交点为中心的局部区域来构造描述符的。本章通过对图 5-11 中（a）～（i）9 组影像对进行实验，对本研究中提出的 5 点描述符和只利用直线对交点的 Daisy 描述符的性能进行比较，基于不同描述符的直线匹配结果对比如表 5-2 所示。从中可以发现，对于该实验中的 9 组影像对，5 点描述符的匹配结果比 1 点描述符的匹配结果具有更高的匹配正确率和匹配召回率。对于影像对（c），基于 5 点描述符的匹配正确率和召回率明显高于基于 1 点描述符，其匹配正确率从 75%提升到 100%，参考影像的召回率从 63.64%提升到 72.73%，搜索影像的召回率从 55.71%提升到 60%。通过对影像对（c）基于 1 点描述符的匹配结果进行分析，发现大多数错误匹配发生在该组影像左下角的相似纹理及纹理断裂区域。此外，与 1 点描述符相比，5 点描述符更优还有以下原因：前者仅利用线对交点为中心的固定区域构造 Daisy 描述符，该策略并不适合所有的直线对，特别是对于包含长直线段的直线对，该区域不能完全覆盖直线对的邻域范围；此外，包含重要信息的直线对端点未被利用。后者在构建线对描述符过程中，同时利用了直线对的交点、端点来构建线对描述符，该过程增加了描述符的区域覆盖范围，进而提高了描述符的可靠性。因此，本章提出的 5 点描述符比 1 点描述符具有更强的稳健性，且对于复杂场景影像的直线匹配优势更明显。

表 5-2 基于不同描述符的直线匹配结果对比

影像对	数目 – 正确率（%）		参考影像上召回率 – 搜索影像上召回率	
	5 点描述符	1 点描述符	5 点描述符	1 点描述符
（a）	350 – 94.29%	377 – 86.74%	79.02% – 74.38%	75.00% – 69.01%
（b）	41 – 100%	41 – 95.12%	54.44% – 62.32%	52.22% – 57.97%
（c）	41 – 100%	44 – 75.00%	72.73% – 60.00%	63.64% – 55.71%
（d）	201 – 93.53%	204 – 88.73%	66.88% – 83.40%	64.61% – 80.08%
（e）	724 – 97.51%	727 – 95.60%	85.24% – 84.25%	82.93% – 81.95%
（f）	353 – 84.70%	363 – 76.03%	79.43% – 78.01%	72.49% – 71.87%
（g）	290 – 82.07%	298 – 68.79%	45.56% – 64.88%	38.52% – 55.23%
（h）	298 – 42.95%	283 – 36.75%	26.82% – 22.32%	21.62% – 17.72%
（i）	185 – 63.24%	191 – 51.83%	38.30% – 37.42%	31.91% – 31.76%

2. 与改进前算法对比分析

本章算法是对作者原有研究工作，即文献[98]中算法的改进和扩展。因此，为了进一步验证本章改进算法的有效性，分别采用上述两种算法对图 5-11 中的 12 组影像对进行直线匹配实验，对匹配结果进行对比分析。两种算法直线匹配结果对比如表 5-3 所示，第一列为实验影像；第二列为匹配算法；第三列分别为参考影像、搜索影像上提取直线对数目；第四列分别为初始同名直线对数目及其包含参考影像、搜索影像上直线的数目；第五列分别为匹配得到同名直线对应关系数目及其对应包含参考影像、搜索影像上直线的数目；第六列为同名对应关系的正确率、参考影像上直线匹配正确率、搜索影像上直线匹配正确率。第七列分别为参考影像、搜索影像上直线匹配的召回率。从表 5-3 可以看出，本章算法对 12 组影像对都取得了较好的召回率。对于影像对（b)、(h)、(i）和（l)，文献[98]中的算法几乎无法获得同名直线，而本章算法获得了同名直线，得到了较好的改进。特别是对影像对（h）召回率增加较明显，两幅影像的匹配召回率分别从 0.21%提升到 26.82%、从 0.17%提升到 22.32%，即本章算法的召回率比文献[98]中的算法召回率提高了 130 倍。所有影像的召回率平均增加了 32%。尽管其中几组影像对的匹配正确率有所下降，但与召回率增长相比，该方面损失相对较小。例如，对于影像对（a)，匹配正确率下降了 2%，召回率上升了 42%。此外，一些影像对，如（d)、(e）和（k)，匹配正确率和召回率同时提高。对于影像对（b）和（c)，尽管两种算法的匹配正确率都是 100%，但召回率明显不同。本章直线匹配研究的目标是在实现高召回率的情况下尽可能保持高的匹配精度。上述实验结果表明，相较于文献[98]中的算法，本章算法优化了这种平衡。分析原因如下：

第一，为了使所有提取的直线都参与匹配，本章算法在直线对提取过程中采用自适应的搜索区域。从表 5-3 的第三列可以看出，与文献[98]算法相比，本章算法提取到更多的直线对，使得结果中同名直线数目增加的可能性增大。

第二，该方法摒弃了文献[98]中的算法利用局部单应矩阵为主的象限约束来确定匹配候选直线对这一操作。经分析发现，当影像之间存在较大视角变化且同名点数目较少的情况下，利用同名点计算得到的单应矩阵将参考影像直线对映射到搜索影像上时会出现较大的几何畸变，从而导致正确的候选直线对被排除在外，这也是影像对（b)、(h)、(i）和（l）匹配获得较少数目同名直线的主要原因。

第三，改进的算法采用基于线对的 Daisy 描述符代替文献[98]中的算法中将三角形区域灰度相关用于线对间相似性约束。本章提出的直线对描述符是基于点的 Daisy 描述符构建的，以梯度方向直方图作为统计量。与直接利用影像灰度相比，对于具有辐射信息变化的影像（如光照变化、图像模糊和

表 5-3　本章算法与文献[98]中的算法直线匹配结果对比

实验影像	匹配算法	提取直线对数	同名直线对数目	同名直线数目	正确率（%）	召回率（%）
(a)	文献[98]算法	1197 – 1287	678 – 344 – 330	154 – 170 – 162	96.75 – 97.06 – 97.53	36.83 – 32.64
	本章算法	1576 – 1630	1237 – 459 – 413	350 – 374 – 381	94.29 – 94.65 – 94.49	79.02 – 74.38
(b)	文献[98]算法	51 – 74	3 – 5 – 4	4 – 5 – 4	100 – 100 – 100	5.56 – 5.80
	本章算法	159 – 147	75 – 61 – 45	41 – 49 – 43	100 – 100 – 100	54.44 – 62.32
(c)	文献[98]算法	88 – 79	27 – 25 – 21	15 – 18 – 15	100 – 100 – 100	27.27 – 21.43
	本章算法	185 – 157	73 – 50 – 43	41 – 48 – 42	100 – 100 – 100	72.73 – 60.00
(d)	文献[98]算法	1537 – 605	354 – 312 – 175	117 – 129 – 117	90.60 – 91.47 – 94.02	38.31 – 45.64
	本章算法	1896 – 735	927 – 334 – 233	201 – 220 – 213	93.53 – 93.64 – 94.37	66.88 – 83.40
(e)	文献[98]算法	3709 – 3516	1963 – 752 – 728	400 – 420 – 411	95.00 – 96.67 – 97.81	46.83 – 46.21
	本章算法	4323 – 4164	3473 – 908 – 837	724 – 756 – 747	97.51 – 97.75 – 98.13	85.24 – 84.25
(f)	文献[98]算法	1727 – 893	312 – 229 – 210	154 – 158 – 154	94.16 – 94.30 – 95.45	38.30 – 37.60
	本章算法	4216 – 1819	1916 – 592 – 381	353 – 366 – 358	84.70 – 84.43 – 85.20	79.43 – 78.01
(g)	文献[98]算法	2990 – 576	146 – 178 – 155	129 – 134 – 129	82.17 – 82.84 – 82.95	20.56 – 28.69
	本章算法	4738 – 905	760 – 487 – 309	290 – 297 – 292	82.07 – 82.83 – 82.88	45.56 – 64.88
(h)	文献[98]算法	3192 – 3695	2 – 3 – 4	2 – 2 – 2	50.00 – 50.00 – 50.00	0.21 – 0.17
	本章算法	3921 – 4329	1907 – 607 – 468	298 – 300 – 301	42.95 – 43.00 – 43.52	26.82 – 22.32
(i)	文献[98]算法	637 – 892	9 – 12 – 11	8 – 9 – 9	62.50 – 66.67 – 66.67	1.82 – 1.89
	本章算法	1080 – 1302	390 – 276 – 225	185 – 194 – 188	63.24 – 64.95 – 63.30	38.30 – 37.42
(j)	文献[98]算法	1075 – 1212	173 – 169 – 147	132 – 147 – 134	81.06 – 84.35 – 86.57	34.35 – 31.96
	本章算法	1476 – 2132	900 – 445 – 383	247 – 259 – 252	65.18 – 66.41 – 66.27	47.65 – 46.01
(k)	文献[98]算法	586 – 1528	34 – 42 – 30	15 – 15 – 15	73.33 – 73.33 – 73.33	11.83 – 18.64
	本章算法	871 – 2013	45 – 42 – 21	16 – 18 – 16	75.00 – 77.78 – 75.00	15.05 – 20.34
(l)	文献[98]算法	219 – 676	5 – 5 – 4	3 – 3 – 3	100 – 100 – 100	2.19 – 2.50
	本章算法	406 – 985	139 – 100 – 75	58 – 61 – 58	72.41 – 73.77 – 72.41	32.85 – 35.00

JPEG 压缩），以及纹理匮乏区域影像，梯度描述符具有较好的稳健性。对于文献[98]中的算法，该过程还需利用直线对中两线段端点的核线建立参考直线对和候选直线对之间对应的三角形区域，而当核线与直线对中的某条线段近似平行时，两三角形区域的一致性较弱，将导致匹配困难。

第四，匹配结果检核是文献[98]中的算法获得较少匹配结果的另一个主要原因。在之前的研究中，将“一对多”“多对一”和“多对多”同名对应关系中的“多”线段作为一个整体处理，当结果中位于单幅影像中的“多”条线段不共线时，将该组对应关系整体剔除。该方法不能解决非共线直线匹配冲突问题，导致结果中包含的正确匹配也被剔除，从而使同名直线数目减少。本章算法在双层关系矩阵的基础上，提出了一种结合匹配冗余和共线约束的直线匹配结果检核算法，该算法可以有效地从“一对多”“多对一”和“多对多”的匹配对应关系中区分正确匹配和错误匹配，提高匹配的完整性。这一点检查前后结果中包含线段的数目可以充分证明，如表 5-3 所示。表 5-3 中第四列分别表示匹配获得同名直线对数目及其结果中包含参考影像、搜索影像上直线的数目。以影像对（a）为例，文献[98]中的算法初始匹配获得 678 对同名直线对，其中包含的同名单直线对应关系数目为 678×2 对，结果中包含参考影像、搜索影像上直线的数目分别为 344 条、330 条，由此可以看出结果中包含了大量的冗余匹配。经匹配检核后，得到同名单直线对应关系数目为 154 对，其中包含参考影像、搜索影像上直线的数目分别为 170 条、162 条。这说明在检核过程中，结果中两影像上的直线分别被剔除掉 174 条、168 条。与文献[98]中的算法相比，本章算法在匹配阶段获得了更多的同名直线对，在检核阶段剔除了较少的直线，结果中两影像上仅 85 条、32 条直线被剔除。

3．与现有经典算法对比分析

进一步将本章算法与目前先进的直线匹配算法进行对比，分别选择两种线对匹配算法：LJL 算法[97]和 N-LPI 算法[116]，这两种算法的源代码可以从 GitHub 网站上下载。针对图 5-11 中所示的 12 组影像对，3 种算法采用同样的提取直线及同名点作为输入数据，匹配结果如表 5-4 所示。表中第二列分

表 5-4　3 种算法直线匹配结果对比

影像对	本章算法		LJL 算法		N-LPI 算法	
	数目 – 正确率（%） 总数 / 参考影像 / 搜索影像	召回率（%）	数目 – 正确率（%）	召回率（%）	数目 – 正确率（%）	召回率（%）
(a)	350 – 94.29 / 374 – 94.65 / 381 – 94.49	79.02 – 74.38	381 – 95.01	80.80 – 74.79	368 – 97.01	79.69 – 73.76
(b)	41 – 100 / 49 – 100 / 43 – 100	54.44 – 62.32	34 – 88.24	33.33 – 43.48	14 – 85.71	13.33 – 17.39
(c)	41 – 100 / 48 – 100 / 42 – 100	72.73 – 60.00	28 – 89.29	37.88 – 35.71	18 – 83.33	22.73 – 21.43
(d)	201 – 93.53 / 220 – 93.64 / 213 – 94.37	66.88 – 83.40	223 – 91.03	65.91 – 84.23	220 – 95	67.86 – 86.72
(e)	724 – 97.51 / 756 – 97.75 / 747 – 98.13	85.24 – 84.25	798 – 93.48	86.04 – 85.75	778 – 95.76	85.93 – 85.63
(f)	353 – 84.70 / 366 – 84.43 / 358 – 85.20	79.43 – 78.01	354 – 84.75	77.12 – 76.73	358 – 90.78	83.55 – 83.12
(g)	290 – 82.07 / 297 – 82.83 / 292 – 82.88	45.56 – 64.88	334 – 75.45	46.67 – 67.56	356 – 73.31	48.33 – 69.97
(h)	298 – 42.95 / 300 – 43.00 / 301 – 43.52	26.82 – 22.32	214 – 42.06	18.71 – 15.33	160 – 30.63	10.19 – 8.35
(i)	185 – 63.24 / 194 – 64.95 / 188 – 63.30	38.30 – 37.42	72 – 73.61	16.11 – 16.67	122 – 56.56	20.97 – 21.70
(j)	247 – 65.18 / 259 – 66.41 / 252 – 66.27	47.65 – 46.01	302 – 65.56	54.85 – 54.55	338 – 75.74	70.91 – 70.52
(k)	16 – 75.00 / 18 – 77.78 / 16 – 75.00	15.05 – 20.34	49 – 69.39	36.56 – 57.63	67 – 47.76	34.41 – 54.24
(l)	58 – 72.41 / 61 – 73.77 / 58 – 72.41	32.85 – 35.00	71 – 74.65	38.69 – 44.17	9 – 33.33	2.19 – 2.50

别表示本章算法匹配得到同名对应关系的数目及其包含参考影像、搜索影像上直线的数目，以及各自对应的匹配正确率；第三列为本章算法匹配得到的参考影像、搜索影像上直线匹配的召回率；第四、五列分别表示 LJL 算法匹配得到的同名直线数目和匹配正确率，以及两影像上直线匹配的召回率；第六、七列分别表示 N-LPI 算法匹配得到的同名直线数目和匹配正确率，以及两影像上直线匹配的召回率。从匹配正确率来看，本章算法相对于其他两种算法略有优势，如对于影像对（b）、（c）、（d）、（e）、（g）、（h）和（k），本章算法获得最高的匹配正确率。其中，对于影像对（b）和（c），本章算法的匹配正确率达 100%，同时直线匹配的召回率也最高，且与其他两种算法产生最大的差值。在 3 种算法中，LJL 算法对影像对（i）和（l）获得最高的匹配正确率，而 N-LPI 算法对影像对（a）、（f）和（j）获得最高的匹配正确率，且在大多数情况下 LJL 算法匹配结果优于 N-LPI 算法。

就召回率而言，3 种算法的召回率表现出相同的趋势，如图 5-19 所示，影像对（a）、（d）、（e）和（g）3 种算法的召回率相近。其中，N-LPI 算法对于影像对（a）、（d）、（e）和（g）取得最高的匹配召回率，对于影像对（b）、（c）、（h）和（l）取得最低的匹配召回率。对于影像对（b）、（c）、（h）和（i），本章算法取得最高的匹配召回率，特别是对于影像对（b）中的两幅影像，本章算法匹配召回率比 LJL 算法分别高 21.11%和 18.84%，比 N-LPI 算法分别高 41.11%和 44.93%。尽管 N-LPI 算法对影像对（j）获得了最高的匹配召回率，但对影像对（l）的匹配失败，而 LJL 算法对影像对（k）和（l）获得了最高的匹配召回率。根据上述分析，可以得出如下结论：

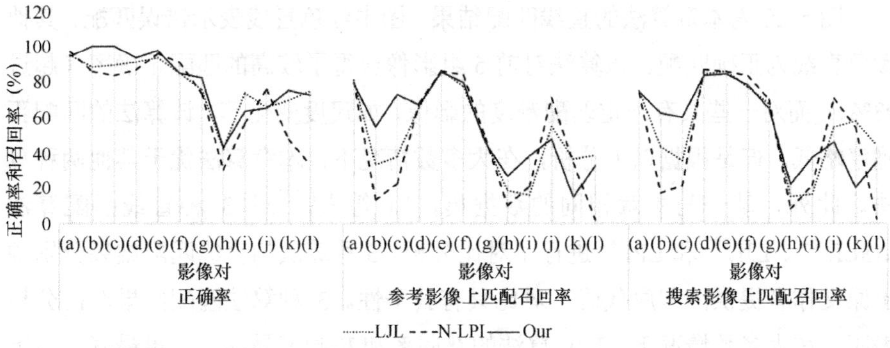

图 5-19　3 种算法对 12 组影像对进行匹配得到的匹配正确率和召回率

由于 N-LPI 算法在匹配过程中使用线—点仿射不变量几何约束，因此该算法不受成像灰度信息影响。在同名点数量和精度有所保证的情况下，该算法对视角变化较小或无视角变化的影像匹配效果较好。然而，该算法受同名点质量影响较大，且敏感于视角变化。

LJL 基于金字塔分级影像构建稳健性较强的梯度描述符，对于大多数类型的影像变换都具有较好的适用性，尤其对于存在光照变化和尺度变化的影像更具优势。然而，该算法对视角变化和弱纹理影像的匹配效果一般，仍有改进的余地。

本章算法在匹配过程中，从两个方面增加了同名直线的数目，一方面使得每条直线都能被编组产生直线对参与匹配，另一方面采用相对宽松的相似性测度阈值，以获得更多的同名直线对。在此基础上，一种有效的直线对匹配结果检核算法被提出，该算法能够从复杂的“一对多”“多对一”“多对多”的匹配对应关系中区分出正确和错误匹配，获得满意的检核结果。实验中，本章算法对弱纹理影像取得较好的直线匹配效果，但对存在尺度变化的影像匹配效果相对较差。

此外，在现有的方法中，没有考虑因提取直线断裂而产生的“一对多”“多对一”“多对多”匹配对应关系，两幅影像上直线匹配的召回率是相同的。分析表 5-4 可以看出，对于影像对（d）、（g）和（k），LJL 和 N-LPI 两种算法对两幅影像的召回率差值最大约为 20%。因此，对参考影像、搜索影像上直线匹配召回率分别进行计算是值得研究的。

图 5-20 为本章算法的直线匹配结果，图中红色直线表示错误匹配，其他颜色直线为正确匹配。该算法对前 5 组影像获得了较高的匹配正确率（超过 93%），而对一些具有一定匹配难度的影像，如尺度变化等，该算法的匹配正确率略低。但是根据以上分析，在大多数情况下，本章算法优于其他两种算法。此外，基于与本章相同的数据集，Li 等人[118]对 3 种直线匹配算法 MSLD[84]、LJL[97]和 LPI[82]进行了对比分析，3 种算法的直线匹配结果分别源于原文作者提供的程序代码，对比具有公平性。3 种算法匹配结果对比分析表明，在大多数情况下，LJL 算法的召回率和 F-测度最高，效果最好。综上所述，与上述直线匹配算法相比，本章算法更具优势。

(a) 匹配数目：350；正确率：94.29%

(b) 匹配数目：41；正确率：100%

(c) 匹配数目：41；正确率：100%

(d) 匹配数目：201；正确率：93.53%

图 5-20　本章算法的直线匹配结果

(e) 匹配数目：724；正确率：97.51%

(f) 匹配数目：353；正确率：84.70%

(g) 匹配数目：290；正确率：82.07%

(h) 匹配数目：298 正确率：42.95%

图 5-20　本章算法的直线匹配结果（续）

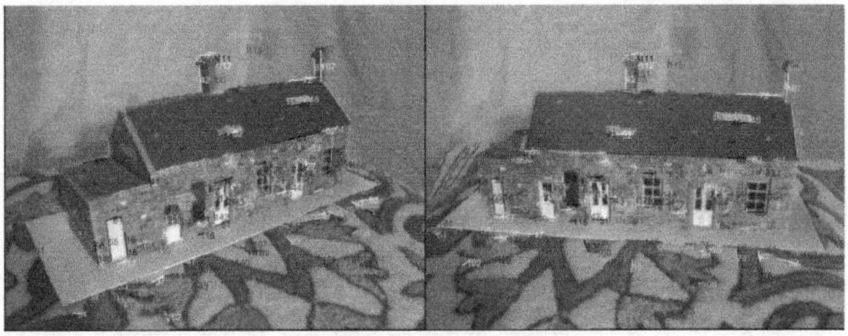

(i) 匹配数目：185；正确率：63.24%

(j) 匹配数目：247；正确率：65.18%

(k) 匹配数目：16；正确率：75%

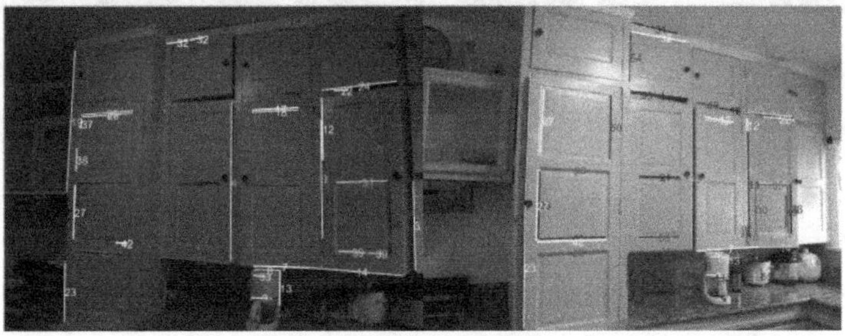

(l) 匹配数目：58；正确率：72.41%

图 5-20　本章算法的直线匹配结果（续）

5.5 航空影像直线匹配实验与分析

5.5.1 实验数据

为了验证本章算法对航空影像的匹配有效性，采用文献[99]中选用的 15 组航空子影像对进行直线匹配实验，如图 5-21 所示。这些影像是由 DMC 数码相机拍摄得到的 Vaihingen 市城区建筑物影像。影像间航向重叠 70%，基高比（B/H）为 0.28[119]，相机焦距为 120 毫米，试验场的飞行高度约为 800 米，对应地面分辨率约为 8 厘米。区域网光束法平差结果的平面精度达到子像素级、高程精度达到像素级。影像中包含建筑物复杂结构屋顶、规则结构屋顶、建筑物立面、植被、道路、铁轨及移动车辆等场景信息。

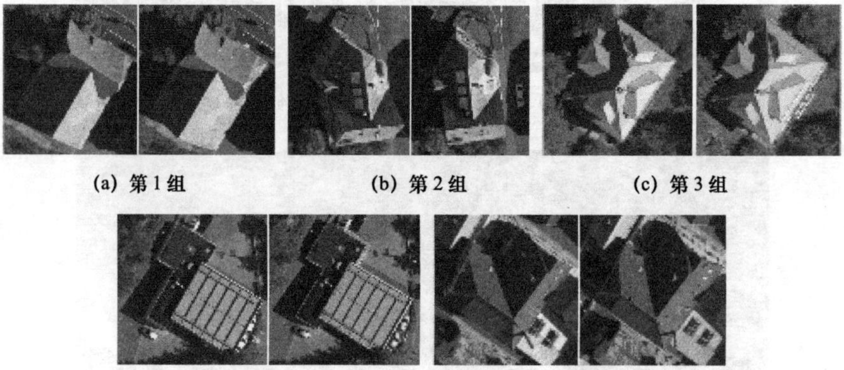

(a) 第 1 组　(b) 第 2 组　(c) 第 3 组

(d) 第 4 组　(e) 第 5 组

图 5-21　实验数据

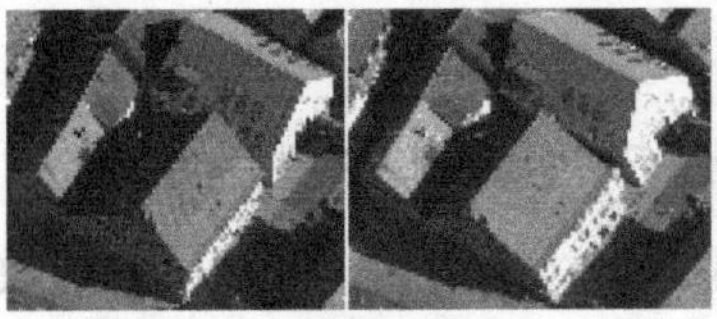

(f) 第 6 组

(g) 第 7 组

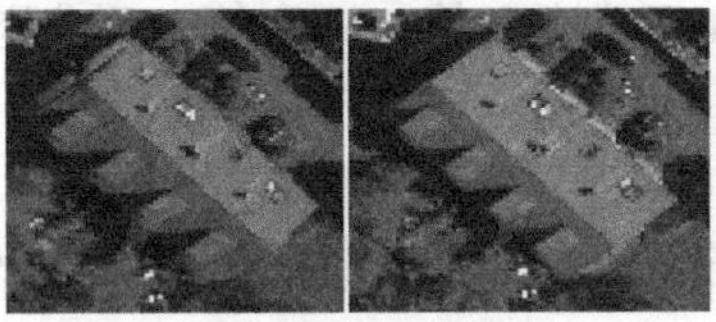

(h) 第 8 组

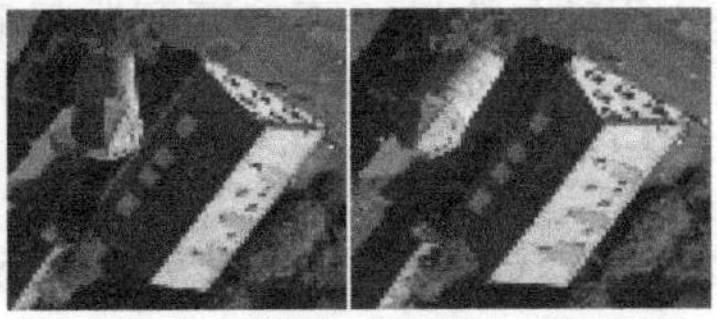

(i) 第 9 组

(j) 第 10 组

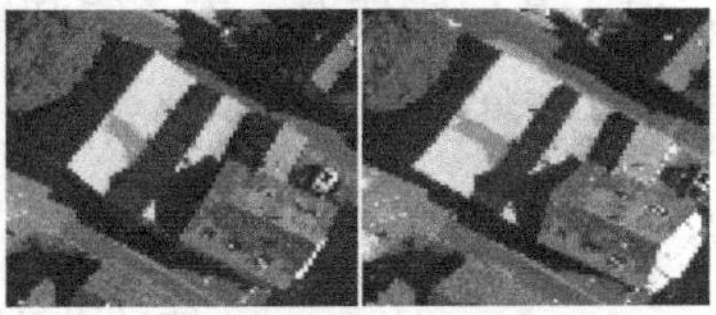

(k) 第 11 组

(l) 第 12 组

(m) 第 13 组

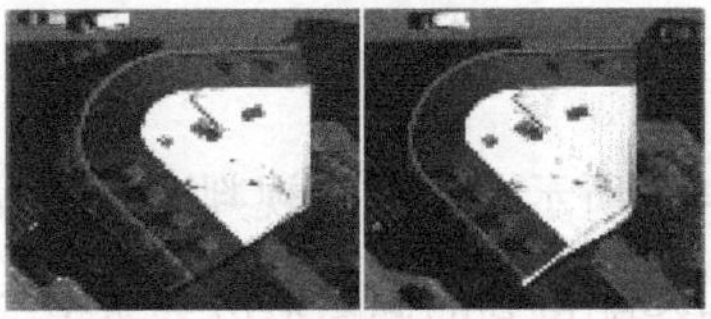

(n) 第 14 组

(o) 第 15 组

图 5-21　实验数据（续）

5.5.2 不同算法直线匹配结果对比分析

在实验影像对、提取直线、匹配同名点输入数据相同的条件下，分别采用本章算法、LJL 算法、N-LPI 算法对 15 组影像对进行直线匹配。3 种算法的直线匹配结果统计如表 5-5 所示。表 5-5 中第 1～4 列为输入数据，依次为实验影像对，参考影像、搜索影像上提取直线的数目，匹配同名点数目。后 3 列为 3 种算法匹配结果统计数目，其中第 5 列中的 3 个数字分别表示本章算法匹配得到点数目、正确匹配数目和正确率；第 6 列和第 7 列分别为 LJL 算法和 N-LPI 算法相应的实验结果。

结合表 5-5、图 5-22、图 5-23 分析得出：从正确匹配数目和匹配正确率两方面来看，对于影像对（b）、（c）、（d）、（e）、（g）、（n），本章算法匹配结果最优，对于其他影像对，本章算法结果均未位于最后；对于影像对（k）、（m），LJL 算法最优；对于影像对（h）、（o），N-LPI 算法最优；对于影像对（i）、（l），3 种算法正确匹配数目相当，匹配正确率 LJL 算法比本章算法分别高 2.29%、0.61%，比 N-LPI 算法分别高 10.03%、4.81%；对于影像对（a）、（j），N-LPI 算法的正确匹配数目明显优于其他两种算法，比本章算法分别多 6 对、56 对，比 LJL 算法分别多 30 对、42 对；对于影像对（f），本章算法在正确匹配数目方面表现较优，分别比 LJL 算法、N-LPI 算法多 3 对、24 对，而该影像对的匹配正确率方面，LJL 算法表现较优，分别比本章算法、N-LPI 算法高 0.7%，10.18%。此外，对于 15 组影像对，本章算法的正确匹配率均高于 87%。

3 种算法直线匹配结果显示如图 5-24 所示，通过目视判读观察发现，本章算法匹配错误多发生在短直线上，即匹配得到的同名对应关系中至少有一条直线长度较短；而对于 LJL 算法和 N-LPI 算法，除了短直线上易于发生错误匹配，邻近平行线引起的错误匹配也相对较多，且较为明显。比较而言，本章算法可以较好地避免邻近平行线产生的错误匹配，究其原因是充分的冗余匹配及共线约束结果检核。但对于短直线而言，其构成直线对的描述符的可靠性有待进一步加强，对于其他两种算法，邻近平行线产生的错误匹配有待进一步加强算法的约束或检核。

表 5-5　3 种算法的直线匹配结果统计

实验影像对	直线提取数目		匹配同名点数目	本章算法（Our）	LJL 算法	N-LPI 算法
	参考影像	搜索影像		总数目 – 正确匹配数目 – 正确率（%）	总数目 – 正确匹配数目 – 正确率（%）	总数目 – 正确匹配数目 – 正确率（%）
(a)	168	186	1188	82 – 75 – 91.46	55 – 51 – 92.73	94 – 81 – 86.17
(b)	152	167	1030	95 – 86 – 90.53	78 – 69 – 88.46	97 – 86 – 88.66
(c)	75	84	860	49 – 46 – 93.88	48 – 40 – 83.33	45 – 35 –77.78
(d)	223	226	2820	155 – 149 – 96.13	129 – 123 – 95.35	149 – 138 – 92.62
(e)	168	205	1025	105 – 102 – 97.14	106 – 92 – 86.79	100 – 81– 81.00
(f)	201	253	1006	111 – 104 – 93.69	107 – 101 – 94.39	95 – 80 – 84.21
(g)	421	453	2561	269 – 251– 93.31	245 – 227 – 92.65	259 – 236 – 91.12
(h)	155	161	1493	77 – 69 – 89.61	74 – 65 – 87.84	90 – 83 – 92.22
(i)	189	181	1054	84 – 80 – 95.24	81 – 79 – 97.53	88 – 77 – 87.50
(j)	529	553	3879	251 – 230 – 91.63	271 – 244 – 90.04	320 – 286 – 89.38
(k)	177	171	1508	110 – 100 – 90.91	102 – 101 – 99.02	104 – 89 – 85.58
(l)	248	241	2975	135 – 126 – 93.33	132 – 124 – 93.94	138 – 123 – 89.13
(m)	253	222	1289	134 – 119 – 88.81	130 – 125 – 96.15	133 – 114 – 85.71
(n)	168	142	1220	80 – 77 – 96.25	82 – 72 – 87.80	86 – 71 – 82.56
(o)	182	197	910	66 – 58 – 87.88	40 – 31 – 77.50	98 – 90 – 91.84

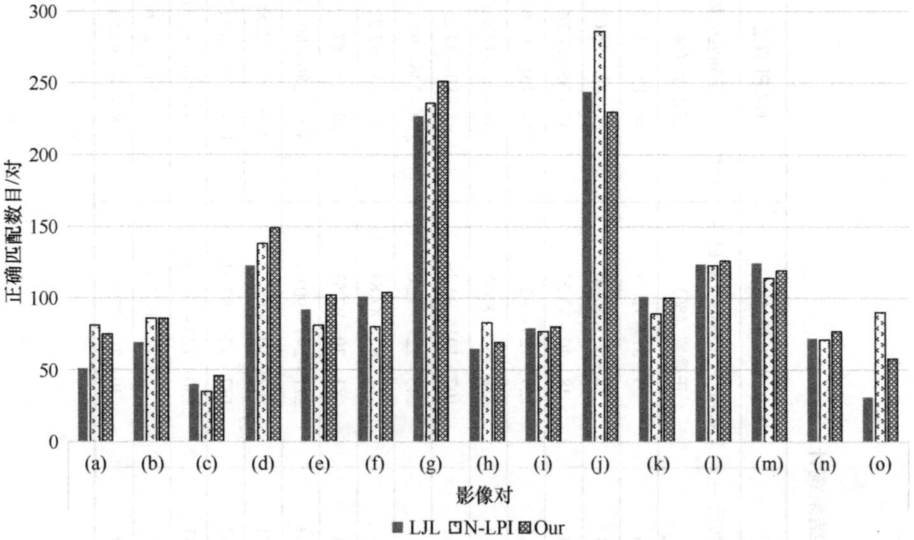

图 5-22　不同算法得到正确匹配直线的数目

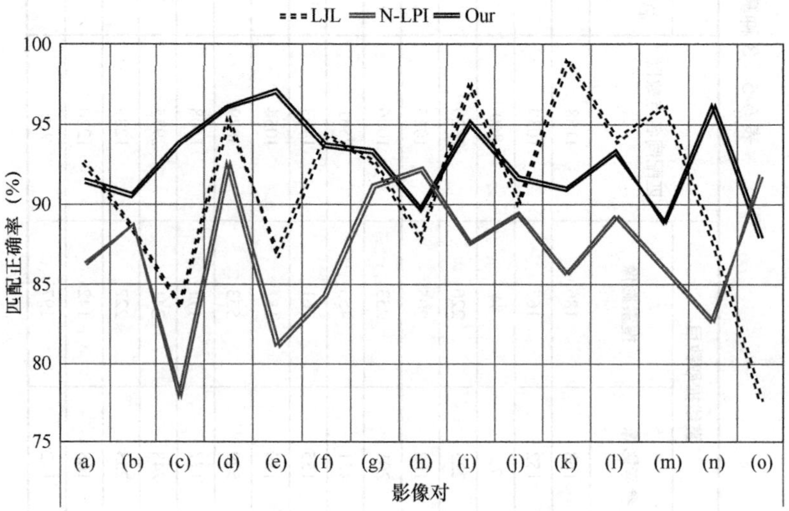

图 5-23　不同算法的匹配正确率

(a) Our 匹配数目：82；正确率 91.46%　　LJL 匹配数目：55；正确率 92.73%　　N-LPI 匹配数目：94；正确率 86.17%

(b) Our 匹配数目：95；正确率 90.53%　　LJL 匹配数目：78；正确率 88.46%　　N-LPI 匹配数目：97；正确率 88.66%

(c) Our 匹配数目：49；正确率 93.88%　　LJL 匹配数目：48；正确率 83.33%　　N-LPI 匹配数目：45；正确率 77.78%

图 5-24　本章算法、LJL 算法、N-LPI 算法直线匹配结果

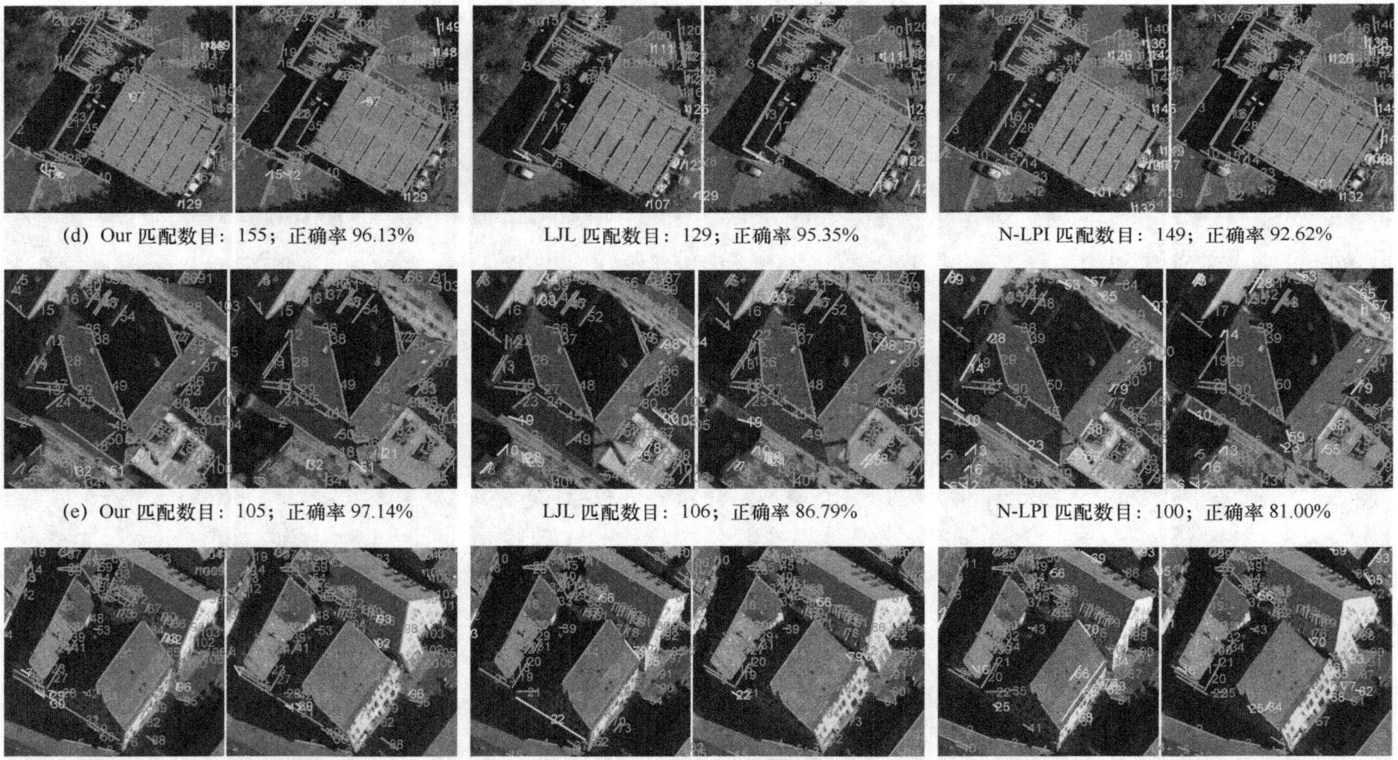

(d) Our 匹配数目：155；正确率 96.13%　　LJL 匹配数目：129；正确率 95.35%　　N-LPI 匹配数目：149；正确率 92.62%

(e) Our 匹配数目：105；正确率 97.14%　　LJL 匹配数目：106；正确率 86.79%　　N-LPI 匹配数目：100；正确率 81.00%

(f) Our 匹配数目：111；正确率 93.69%　　LJL 匹配数目：107；正确率 94.39%　　N-LPI 匹配数目：95；正确率 84.21%

图 5-24　本章算法、LJL 算法、N-LPI 算法直线匹配结果（续）

(g) Our 匹配数目：269；正确率 93.31%　　LJL 匹配数目：245；正确率 92.65%　　N-LPI 匹配数目：259；正确率 91.12%

(h) Our 匹配数目：77；正确率 89.61%　　LJL 匹配数目：74；正确率 87.84%　　N-LPI 匹配数目：90；正确率 92.22%

(i) Our 匹配数目：84；正确率 95.24%　　LJL 匹配数目：81；正确率 97.53%　　N-LPI 匹配数目：88；正确率 87.5%

图 5-24　本章算法、LJL 算法、N-LPI 算法直线匹配结果（续）

（j）Our 匹配数目：251；正确率 91.63%　　LJL 匹配数目：271；正确率 90.04%　　N-LPI 匹配数目：320；正确率 89.38%

（k）Our 匹配数目：110；正确率 90.91%　　LJL 匹配数目：102；正确率 99.02%　　N-LPI 匹配数目：104；正确率 85.58%

（l）Our 匹配数目：135；正确率 93.33%　　LJL 匹配数目：132；正确率 93.94%　　N-LPI 匹配数目：138；正确率 89.13%

图 5-24　本章算法、LJL 算法、N-LPI 算法直线匹配结果（续）

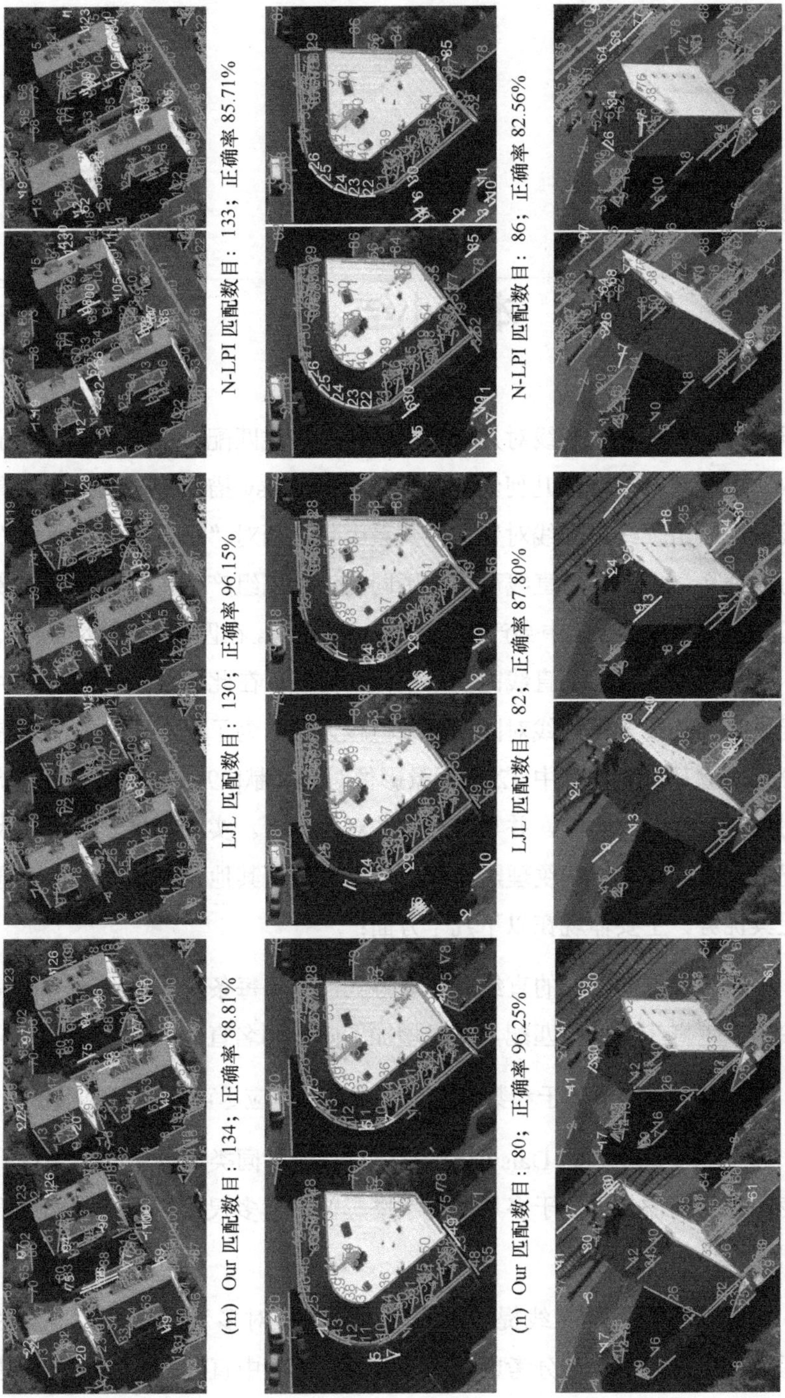

(m) Our 匹配数目：134；正确率 88.81%

LJL 匹配数目：130；正确率 96.15%

N-LPI 匹配数目：133；正确率 85.71%

(n) Our 匹配数目：80；正确率 96.25%

LJL 匹配数目：82；正确率 87.80%

N-LPI 匹配数目：86；正确率 82.56%

(o) Our 匹配数目：66；正确率 87.88%

LJL 匹配数目：40；正确率 77.50%

N-LPI 匹配数目：98；正确率 91.84%

图 5-24　本章算法、LJL 算法、N-LPI 算法直线匹配结果（续）

5.6 本章小结

本章提出了一种基于直线对几何特征约束的直线匹配方法。在初始匹配阶段，依次采用 3 种直线对几何约束和直线对的 Daisy 描述符约束匹配获得同名直线对，每组“线对—线对”对应关系中包含两对“单直线—单直线”的同名对应关系。由于一条直线可以与不同的直线编组产生直线对，可以多次参与匹配，因此匹配结果中会产生大量的匹配冗余。在匹配结果检核阶段，介绍了一种基于双层矩阵的直线匹配结果记录方式，在此基础上提出了一种结合匹配冗余和共线约束的线对匹配结果检核方法。为了验证所提方法的有效性，分别选取基准数据集中 12 组近景影像对、文献[99]中用到的 15 组航空影像对进行直线匹配实验，并与其他方法对比分析。实验结果表明，在大多数情况下，特别是对于低纹理影像对，本章算法较其他几种经典的直线匹配算法更具优势。主要体现在以下几个方面：

（1）采用基于可变窗口的直线对提取方式，确保每条提取直线都可与其他直线编组产生直线对参与匹配，从而增加了匹配同名直线的数目。

（2）为了避免算法敏感于参数设置，匹配过程中应尽可能少地使用参数。

（3）建立基于直线对的 Daisy 描述符，以适应不同类型影像的稳健性，但尺度变化影像仍需考虑基于多尺度金字塔影像构建多尺度描述符，这也将是后续研究工作的重点。

（4）匹配过程中对因直线提取断裂产生的“一对多”“多对一”“多对多”的匹配对应关系进行充分考虑，同时对每幅影像中直线匹配结果分别进行精度评价。

（5）提出的直线匹配结果检核算法能够有效地解决匹配结果中“一对多”“多对一”“多对多”复杂对应关系中存在的匹配冲突问题。以记录匹配结果的双层矩阵为基础，结合共线约束和匹配冗余对上述对应关系中存在的正确、错误匹配结果进行区分，提高匹配的正确率和召回率，有效地避免邻近平行直线产生错误匹配。该检核算法对单直线匹配结果检核也适用。

（6）尽管本章算法对一些影像匹配是有效的，但对于视角变化较大的影像而言，匹配效果并不理想。这对现有的直线匹配算法来说也是一个匹配难点。因此，后续将进一步考虑把直线间的几何拓扑关系用于相似性度量，进而提高描述符对该类型影像的稳健性。

参考文献

[1] RADKE R.J., ANDRA S., Al-KOFAHI O., ROYSAM B. Image change detection algorithms: a systematic survey[J]. IEEE transactions on image processing, 2005, 14(3):294-307.

[2] ZHENG L, YANG Y, TIAN Q. SIFT meets CNN: A decade survey of instance retrieval[J]. IEEE Transactions on Pattern Analysis and Machine Intelligence, 2017, 40(5): 1224-1244.

[3] MA J, MA Y, LI C. Infrared and visible image fusion methods and applications: A survey[J]. Information Fusion, 2019, 45: 153-178.

[4] FUENTES-PACHECO J, RUIZ-ASCENCIO J, RENDÓN-MANCHA J.M. Visual simultaneous localization and mapping: a survey[J]. Artificial Intelligence Review: An International Science and Engineering Journal, 2015, 43(1):55-81.

[5] FAN B, KONG Q, WANG X, WANG Z, XIANG S, PAN C, FUA P. A performance evaluation of local features for image based 3D reconstruction[J]. IEEE Transactions on Image Processing, 2019, 28(10):4774-4789.

[6] BROGEFORS G. Hierarchical chamfer matching: a parametric edge matching algorithm[J]. IEEE Transactions on Pattern Analysis and Machine Intelligence, 1988, 10(6):849-865.

[7] MIKOLAJCZYK K., SCHMID C. Indexing based on scale invariant interest points[C]. In Proceedings of the IEEE International Conference on Computer Vision. 2001: 525-531.

[8] BELONGIE S., MALIK J., PUZICHA J. Shape matching and object recognition using shape contexts[J]. IEEE Transactions on Pattern Analysis

and Machine Intelligence, 2002, 24(4): 509-522.

[9] MATAS J., CHUM O., URBAN M., PAJDLA T. Robust wide-baseline stereo from maximally stable extremal regions[J]. Image and vision computing, 2004, 22(10): 761-767.

[10] TAYLOR C.J., KRIEGMAN D.J. Structure and motion from line segments in multiple images[C]. In Proceedings of the 1992 IEEE International Conference on Robotics and Automation, Nice, France, 1992, 1615-1620.

[11] BAILLARD C., SCHMID C., ZISSERMAN A., FITZGIBBON A. Automatic line matching and 3D reconstruction of buildings from multiple views[C]. ISPRS Conference on Automatic Extraction of GIS Objects from Digital. Imagery, Munich, Germany, 1999, 32:69-80.

[12] ZHANG L., GRUEN A. Automatic DSM Generation from Linear Array Imagery Data[C]. The International Archives of the Photogrammetry, Remote Sensing and Spatial Information Science, Volume XXXV, Part B3, 2004: 128-133.

[13] SINHA S.N., STEEDLY D., SZELISKI R. Piecewise planar stereo for image-based rendering[C]. In Proceedings of the 2009 12th IEEE International Conference on Computer Vision, Kyoto, 2009, 1881-1888.

[14] HOFER M., MAURER M., BISCHOF H. Efficient 3D scene abstraction using line segments[J]. Computer Vision and Image Understanding, 2017, 157, 167-178.

[15] 郑行家, 钟宝江. 图像直线段检测算法综述与测评[J]. 计算机工程与应用, 2019, 55(17): 9-19.

[16] 杨艳. 航空复材图像中的复杂直线提取技术研究[D]. 成都: 四川大学, 2021.

[17] HOUGH P V C. Method and means for recognizing complex patterns[P].

U.S. Patent 3,069,654. 1962-12-18.

[18] DUDA R.O., HART P.E. Use of the Hough transformation to detect lines and curves in pictures[J]. Graphics and Image Processing, 1972, 15(1): 11-15.

[19] MUKHOPADHYAY P., CHAUDHURI B.B. A survey of hough transform[J]. Pattern Recognition, 2015, 48(3):993-1010.

[20] HASSANEIN A.S., MOHAMMAD S., SAMEER M., RAGAB M.E. A survey on hough transform, theory, techniques and applications[J]. Computer Vision and Pattern Recognition, 2015, 12(1): 139-156.

[21] MATAS J., GALAMBOS C., KITTLER J. Robust detection of lines using the progressive probabilistic hough transform[J]. Computer Vision and Image Understanding, 2000, 78(1): 119-137.

[22] JI J.Y., CHEN G.D., LINING SUN L.N. A novel Hough transform method for line detection by enhancing accumulator array[J]. Pattern Recognition Letters, 2011, 32(11), 1503-1510.

[23] THEOCHARIS T., NIKOLAOS V., DJAMCHID G. Robust Line Detection in Images of Building Facades using Region-based Weighted Hough Transform[C]. In Proceedings of the 2012 16th IEEE Panhellenic Conference on Informatics, Piraeus, Greece, 2012: 333-338.

[24] 王竞雪，宋伟东，赵丽科，王伟玺. 改进的Freeman链码在边缘跟踪及直线提取中的应用研究[J]. 信号处理, 2014, 30(04): 422-430.

[25] XU Z.Z., SHIN B.S., KLETTE R. A statistical method for line segment detection[J]. Computer Vision and Image Understanding, 2015, 138: 61-73.

[26] ALMAZAN E.J., TAL R., QIAN Y., ELDER J.H. MCMLSD: A dynamic programming approach to line segment detection[C]. In Proceedings of the IEEE Conference on Computer Vision and Pattern Recognition, 2017.

[27] KIRYATI N., ELDAR Y., BRUCKSTEIN A.M. A probabilistic hough transform[J]. Pattern Recognition, 1991, 24(4): 303-316.

[28] YAN R. Fast parallel hough transform linear features extracting method based on graphics processing units[C]. In Proceedings of the 2017 10th International Congress on Image and Signal Processing, BioMedical Engineering and Informatics, Shanghai, China, 2017,1-5.

[29] 刁燕, 吴晨柯, 罗华, 吴必蛟. 基于改进的概率 Hough 变换的直线检测优化算法[J]. 光学学报, 2018, 38(08): 170-178.

[30] LUO S.Y., TANG Z.Y., WANG X. Fast straight line detection method based on directional coding[C]. In Proceedings of the 2019 International Conference on Computer Science, Communications and Big Data, 2019.

[31] NOVIKOV A.I., MELNIKOVA E.S., USTYUKOV D.I. Straight line detection method for images based on the properties of curvature[C]. In Proceedings of the 2020 22th IEEE International Conference on Digital Signal Processing and its Applications, Moscow, Russia, 2020: 1-4.

[32] FREEMAN H. Boundary encoding and processing [J]. Processing and Psychopictorics, 1970: 241-266.

[33] 顾创, 翁富良, 吴立德. 直线链码的线性提取算法[J]. 模式识别与人工智能, 1990, 3(2): 34-38.

[34] 王平, 董玉德, 罗喆帅. 基于 Freeman 链码的直线识别方法[J]. 计算机工程, 2005, 31(10): 171-173+199.

[35] 裘振宇, 危辉. 基于 Freeman 链码的边缘跟踪算法及直线段检测[J]. 微型电脑应用, 2008, 24(1): 17-20+4.

[36] 尚振宏, 刘明业. 运用 Freeman 准则的直线检测算法[J]. 计算机辅助设计与图形学学报, 2005, 17(1): 49-53.

[37] 赵丽科, 宋伟东, 王竞雪. Freeman 链码优先级直线提取算法研究[J].武

汉大学学报（信息科学版）, 2014, 39(01):42-46+122.

[38] 鲁光泉，许洪国，李一兵．基于链码检测的直线段检测方法[J]．计算机工程, 2006, 32(14): 1-3+10.

[39] 史册，徐胜荣，荆仁杰，姚庆栋．实时图像处理中一种快速的直线检测算法[J]．浙江大学学报（工学版）, 1999, 33(5): 482-486.

[40] 潘大夫，汪渤．基于边缘方向的直线提取算法[J]．北京理工大学学报, 2008, 28(6): 513-516.

[41] 孙涵，任明武，杨静宇．一种快速实用的直线检测算法[J]．计算机应用研究, 2006, 2: 256-260.

[42] 王永刚．遥感影像中的机场目标检测[D]．郑州：解放军信息工程大学, 2009.

[43] 安文．无人机遥感影像建筑物提取算法研究[D]．郑州：解放军信息工程大学, 2011.

[44] 戴激光，李晋威，方鑫鑫．一种新的边缘直线拟合方法[J]．测绘科学, 2016, 41(12):189-194.

[45] AKINLAR CUNEYT, TOPAL CIHAN. Edlines: Real-time line segment detection by Edge Drawing (ed)[C]. In Proceedings of the 2011 18th IEEE International Conference on Image Processing, Brussels, Belgium, 2011, 2837-2840.

[46] AKINLAR C., TOPAL C. EDPF: a real-time parameter-free edge segment detector with a false detection control[J]. International Journal of Pattern Recognition and Artificial Intelligence, 2012, 26(1),1255002.

[47] LU XIAOHU, YAO JIAN, LI KAI, LI LI. CannyLines: a parameter-free line segment detector[C]. In Proceedings of the 2015 IEEE International Conference on Image Processing, Quebec City, Canada, 2015, 507-511.

[48] BURNS J.B., HANSON A.R., RISEMAN E.M. Extracting Straight Lines[J].

IEEE Transactions on Pattern Analysis and Machine Intelligence, 1986, 8(4): 425-455.

[49] KAHN P., KITCHEN L., RISEMAN E.M. Real-time feature extraction: a fast line finder for vision- guided robot navigation[M]. Amherst: University of Massachusetts, 1987.

[50] KAHN P., KITCHEN L., RISEMAN E.M. A fast line finder for vision-guided robot navigation[J]. IEEE Transactions on Pattern Analysis and Machine Intelligence, 1990, 12 (11):1098-1102.

[51] DESOLNEUX A., MOISAN L., MOREL J.M. Meaningful alignments[J]. International Journal of Computer Vision, 2000, 40(1): 7-23.

[52] DESOLNEUX A., MOISAN L., MOREL J.M. From gestalt theory to image analysis: a probabilistic approach[M]. [S.l.]: Interdisciplinary Applied Mathematics, 2007.

[53] VON GIOI R.G., JAKUBOWICZ J., MOREL J.M., Randall, G. LSD: A Fast Line Segment Detector with a False Detection Control[J]. IEEE Transactions on Pattern Analysis and Machine Intelligence, 2010, 32(4), 722-732.

[54] SALAUN Y., MARLET R., MONASSE P. Multiscale line segment detector for robust and accurate SfM[C]. In Proceedings of the 2016 23rd IEEE International Conference on Pattern Recognition, Cancun, Mexico, 2016: 2000-2005.

[55] 罗午阳，程岳，李亚晖，等. 面向高分辨率彩色图像的线段检测算法[J]. 微电子学与计算机, 2017, 34, (12): 25-30.

[56] ZHANG L. Automatic digital surface model (DSM) generation from linear array images[M]. Institute of Geodesy and Photogrammetry, ETH Zurich, Switzerland, 2005.

[57] ZHANG L, GRUEN A. Multi-image matching for DSM generation from IKONOS imagery[J]. ISPRS Journal of Photogrammetry and Remote Sensing, 2006, 60(3):195-211.

[58] 文贡坚. 一种基于特征编组的直线立体匹配全局算法[J]. 软件学报, 2006, 17(12): 2471-2484.

[59] 纪松. 线阵影像多视匹配自动提取 DSM 的理论与方法[D]. 解放军信息工程大学, 2008.

[60] FU K.P., SHEN S.H., HU Z.Y. Line matching across views based on multiple view stereo[J]. Acta Automatica Sinica, 2014, 40(8): 1680-1689.

[61] SCHMID C., ZISSERMAN A. Automatic line matching across views[C]. In Proceedings of IEEE International Conference on Computer Vision and Pattern Recognition, San Juan, Puerto Rico, 1997, 666-671.

[62] 李芳芳, 贾永红, 肖本林, 张谦. 利用线特征和 SIFT 点特征进行多源遥感影像配准[J]. 武汉大学学报（信息科学版）, 2010, 35(2): 233-236.

[63] 邵振峰, 陈敏. 尺度、旋转以及亮度稳健的高分辨率影像直线特征匹配[J]. 光学精密工程, 2013, 21(3): 790-798.

[64] CHEN M., SHAO Z. Robust affine-invariant line matching for high resolution remote sensing image[J]. Photogrammetric Engineering and Remote Sensing, 2013, 79(8): 753-760.

[65] 李畅, 刘亚文, 胡敏, 等. 面向街景立面三维重建的近景影像直线匹配方法研究[J]. 武汉大学学报（信息科学版）, 2010, 35(12): 1461-1465.

[66] 王继阳, 文贡坚, 李德仁. 直线特征立体匹配中的不确定性问题[J]. 信号处理, 2010, 26(5): 641-647.

[67] ELAKSHER A. F. Automatic line matching across multiple views based on geometric and radiometric properties[J]. Applied Geomatics, 2011, 3(1):23-33.

[68] LÓPEZ J., SANTOS R., FDEZ-VIDAL X.R., PARDO X.M. Two-view line matching algorithm based on context and appearance in low-textured images[J]. Pattern Recognition, 2015, 48(7): 2164-2184.

[69] ZENG J., SHENG Y., XIANG F., LI C. A line segments matching method based on epipolar-line constraint and line segment features[J]. Journal of software, 2011, 6(9): 1746-1754.

[70] 江万寿. 航空影像多视匹配与规则建筑物自动提取方法研究[D]. 武汉: 武汉大学, 2004.

[71] 刘亚文. 基于 TIN 的半自动多影像同名线段匹配算法研究[J]. 武汉大学学报（信息科学版）, 2004, 29(4): 342-345+280.

[72] SCHMID C, ZISSERMAN A. The Geometry and Matching of Lines and Curves Over Multiple Views[J]. International Journal of Computer Vision, 2000, 40(3):199-233.

[73] 张云生. 自适应三角形约束的多基元多视影像匹配方法[D]. 武汉: 武汉大学, 2011.

[74] BAILLARD C., SCHMID C., ZISSERMAN A., FITZGIBBON A. Automatic line matching and 3D reconstruction of building from multiple views [C]. In Proceedings of ISPRS Conference on Automatic Extraction of GIS Objects from Digital Imagery, 1999, 32: 69-80.

[75] 张云生, 朱庆, 吴波, 邹峥嵘. 一种基于三角网约束的立体影像线特征多级匹配方法[J]. 武汉大学学报（信息科学版）, 2013, 38(5):522-527.

[76] BULATOV D., WERNERUS P., HEIPKE C. Multi-view dense matching supported by triangular meshes[J]. ISPRS Journal of Photogrammetry and Remote Sensing, 2011, 66(6):907-918.

[77] WU B., ZHANG Y.S, ZHU Q. Integrated point and edge matching on poor textural images constrained by self-adaptive triangulations[J]. ISPRS

Journal of Photogrammetry and Remote Sensing, 2012, 68(1):40-55.

[78] TIAN Y., GERKE M., VOSSELMAN G., ZHU Q. Automatic edge matching across an image sequence based on reliable points[J]. The International Archives of the Photogrammetry, Remote Sensing and Spatial Information Sciences, Vol, XXXVII, Part B3b, Beijing, 2008, 37:657-662.

[79] WANG J.X., WANG W.X., LI X.M., GAO Z.Y., ZHU H., LI M., HE B., ZHAO Z.G. Line Matching Algorithm for Aerial Image Combining image and object space similarity constraints[J]. ISPRS - International Archives of the Photogrammetry, Remote Sensing and Spatial Information Sciences, 2016, XLI-B3:783-788.

[80] 梁艳，盛业华，张卡，杨林. 利用局部仿射不变及核线约束的近景影像直线特征匹配[J]. 武汉大学学报（信息科学版）, 2014, 39(2): 229-233.

[81] FAN B., WU F.C., HU Z.Y. Line matching leveraged by point correspondences[C]. In Proceedings of the 2010 IEEE Conference on Computer Vision and Pattern Recognition, San Francisco, CA, USA, 2010:390-397.

[82] FAN B., WU F.C., HU Z.Y. Robust line matching through line-point invariants[J]. Pattern Recognition, 2012, 45(2):794-805.

[83] 王志衡，吴福朝. 均值—标准差描述符与直线匹配[J]. 模式识别与人工智能, 2009, 22(1):32-39.

[84] WANG Z.H., WU F.C., HU Z.Y. MSLD: A robust descriptor for line matching[J]. Pattern Recognition, 2009, 42(5): 941-953.

[85] ZHANG L.L., KOCH R. An efficient and robust line segment matching approach based on LBD descriptor and pairwise geometric consistency[J]. Journal of Visual Communication and Image Representation, 2013, 24(7): 794-805.

[86] 缪君，储珺，张桂梅. 一种仿射不变的直线描述符与直线匹配[J]. 电子学报, 2015, 43(12):2505-2512.

[87] AL-SHAHRI M., YILMAZ A. Line matching in wide-baseline stereo: a top-down approach[J]. IEEE Transactions on Image Processing, 2014, 23(9): 4199-4210.

[88] OK A.O., WEGNER J.D., HEIPKE C., ROTTENSTEINER F., SOERGEL U., TOPRAK V. A new straight line reconstruction methodology from multi-spectral stereo aerial images[C]. In Proceedings of ISPRS Technical Commission III Symposium PCV 2010-Photogrammetric Computer Vision and Image Analysis. Saint-Mande: International Society for Photogrammetry and Remote Sensing, 2010(38):25-30.

[89] 高峰，文贡坚，吕金建. 基于干线对的红外与可见光最优图像配准算法[J]. 计算机学报, 2007, 30(6): 1014-1021.

[90] 张浩，才辉，张光新，周泽魁. 一种新的基于边缘拟合的图像配准方法[J]. 光电子·激光, 2009, 20(1): 103-107.

[91] KIM H., LEE S. A novel line matching method based on intersection context[C]. In Proceedings of the 2010 IEEE International Conference on Robotics and Automation. Anchorage, AK, 2010:1014-1021.

[92] KIM H., LEE S. Simultaneous line matching and epipolar geometry estimation based on the intersection context of coplanar line pairs[J]. Pattern Recognition Letters, 2012, 33(10): 1349-1363.

[93] ZHANG L., KOCH R., Line Matching Using Appearance Similarities and Geometric Constraints[C]. Joint DAGM (German Association for Pattern Recognition) and OAGM Symposium. Springer, Berlin, Heidelberg, 2012: 236-245.

[94] KIM H., LEE S., LEE Y. Wide-baseline stereo matching based on the line

intersection context for real-time workspace modeling[J]. Journal of the Optical Society of America A Optics Image Science and Vision, 2014, 31(2): 421-435.

[95] LI K., YAO J., LU X. Robust line matching based on ray-point-ray structure descriptor[C]. In Proceedings of Asian Conference on Computer Vision. Springer International Publishing, 2014:554-569.

[96] WANG L., NEUMANN U., YOU S. Wide-baseline image matching using Line Signatures[C]. In Proceedings of the 2009 12th IEEE International Conference on Computer Vision, Kyto, 2010:1311-1318.

[97] LI K., YAO J., LU X.H., LI L., ZHANG Z.C. Hierarchical line matching based on Line-Junction-Line structure descriptor and local homography estimation[J]. Neurocomputing, 2016b, 184(C):207-220.

[98] 王竞雪, 朱庆, 王伟玺. 顾及拓扑关系的立体影像直线特征可靠匹配算法[J]. 测绘学报, 2017, 46(11): 1850-1858.

[99] OK A.O., WEGNER J.D., HEIPKE C., ROTTENSTEINER F., SOERGEL U., TOPRAK V. Matching of straight line segments from aerial stereo images of urban areas[J]. ISPRS Journal of Photogrammetry and Remote Sensing, 2012, 74(6):133-152.

[100] FREEMAN H. On the Encoding of Arbitrary Geometric Configurations[J]. IRE Transactions on Electronic Computers, 1961, (2): 260-268.

[101] WU L.D. On the chain code of a line[J]. IEEE Transactions on pattern analysis and machine intelligence, 1982, 4 (3): 347-353.

[102] 张小莉, 王敏, 黄心汉. 一种有效的基于 Freeman 链码的拐角检测法[J]. 电子测量与仪器学报, 1999, 13(2): 14-19.

[103] 徐胜华. 面向立体影像特征匹配的直线提取方法[D]. 武汉: 武汉大学, 2007.

[104] 徐胜华，朱庆，刘纪平，韩李涛，赵雪莲，张立华. 基于预存储权值矩阵的多尺度Hough变换直线提取算法[J]. 测绘学报, 2008, 37(1): 83-88.

[105] 王竞雪，朱庆，王伟玺，赵丽科. 结合边缘编组的Hough变换直线提取[J]. 遥感学报, 2014, 18(02): 378-389.

[106] CANNY J. A computational approach to edge detection[J]. IEEE Transactions on Pattern Analysis and Machine Intelligence, 1986, 8(6): 679-698.

[107] MIRMEHDI M., WEST G.A.W., DOWLING G.R. Label inspection using the hough transform on transporter networks[J]. Microprocessors and Microsystems, 1991, 15(3): 167-173.

[108] 朱卫纲，李生良. 相位编组方法提取直线[J]. 装备指挥技术学院学报, 1999,10(4): 65-70.

[109] 王竞雪，朱庆，张云生，等. 叠置分区辅助的相位编组直线提取算法[J]. 测绘学报, 2015, 44(07): 768-774+790.

[110] 王竞雪，宋伟东，王伟玺. 同名点及高程平面约束的航空影像直线匹配算法[J]. 测绘学报, 2016, 45(1): 87-95.

[111] 刘琴琴. 平面域Delaunay三角网生成算法研究及实现[D]. 西安：陕西师范大学, 2016.

[112] ZHANG L., KOCH R., An effcient and robust line segment matching approach based on LBD descriptor and pairwise geometric consistency[J]. Journal of Visual Communication and Image Representation, 2013, 24(7): 794-805.

[113] TOLA E., LEPETIT V., FUA P., DAISY: an efficient dense descriptor applied to wide-baseline stereo[J]. IEEE Transactions on Pattern Analysis and Machine Intelligence, 2010, 32 (5):815-830.

[114] LOW D.G. Distinctive Image Features from Scale-Invariant Keypoints[J].

International Journal of Computer Vision, 2004, 60(2): 91-110.

[115] 戴激光, 宋伟东, 贾永红, 张谦. 一种新的异源高分辨率光学卫星遥感影像自动匹配算法[J]. 测绘学报, 2013, 42(01):80-86.

[116] JIA Q., FAN X., GAO X.K., YU M.Y., LI H.J., LUO Z.X. Line matching based online-points invariant and local homography[J]. Pattern Recognit, 2018, 81, 471-483.

[117] MOREL J.M., YU G. ASIFT: A new framework for fully affne invariant image comparison[J]. SIAM journal on imaging sciences, 2009, 2(2): 438-469.

[118] LI K., YAO J., LU M.S., HENG Y., WU T., LI Y.X. 2016a. Line segment matching: A benchmark[C]. In Proceedings of the 2016 IEEE Winter Conference on Applications of Computer Vision, Lake Placid, NY, USA, 2016a.

[119] CRAMER M. The DGPF test on digital aerial camera evaluation-overview and test design[J]. Photogrammetrie, Fernerkundung, Geoinformation, 2010(2): 73-82.

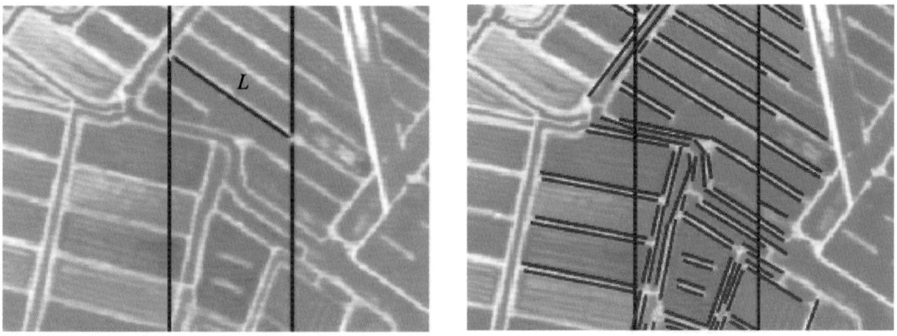

(a) 参考影像　　(b) 搜索影像

图 4-2　同名核线及核线约束

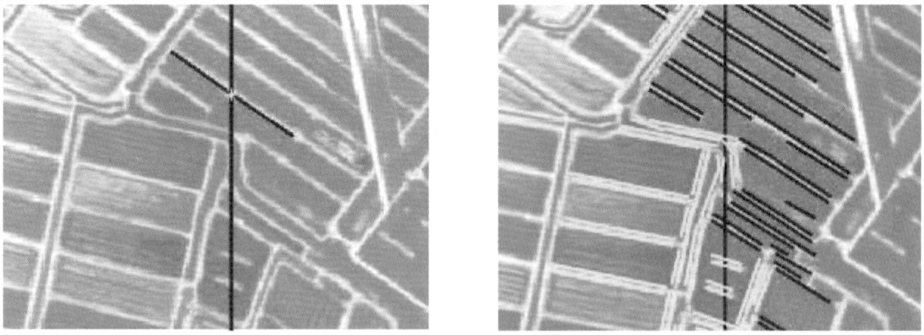

(a) 参考影像　　(b) 搜索影像

图 4-3　方位约束

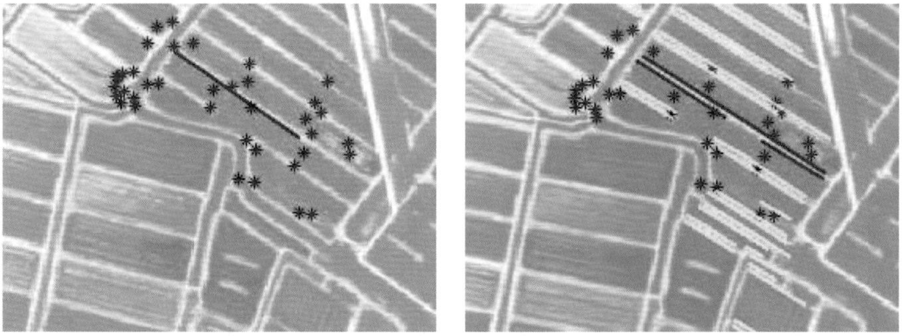

(a) 参考影像　　(b) 搜索影像

图 4-4　同名点约束

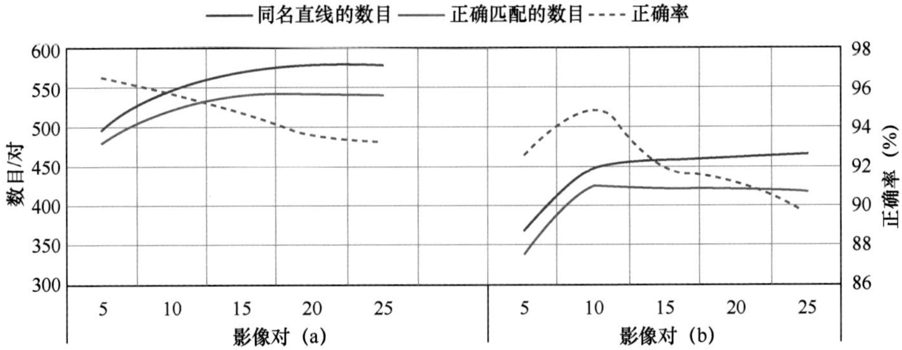

图 4-8　T_θ 取不同值时图 4-7（a）、图 4-7（b）两组影像对的直线匹配结果

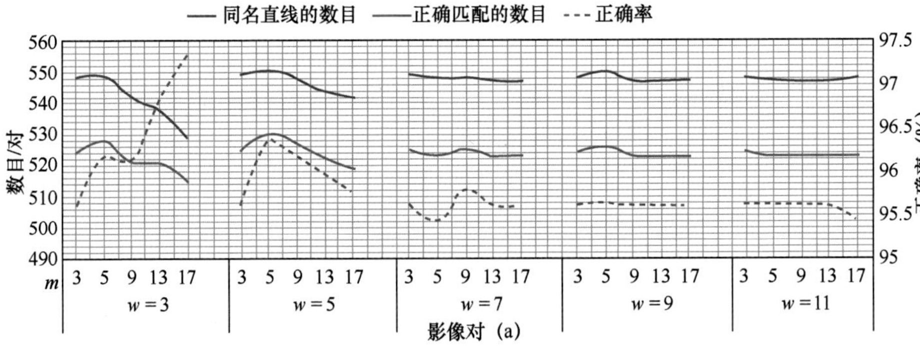

图 4-9　m、w 取不同值时影像对（a）的直线匹配结果

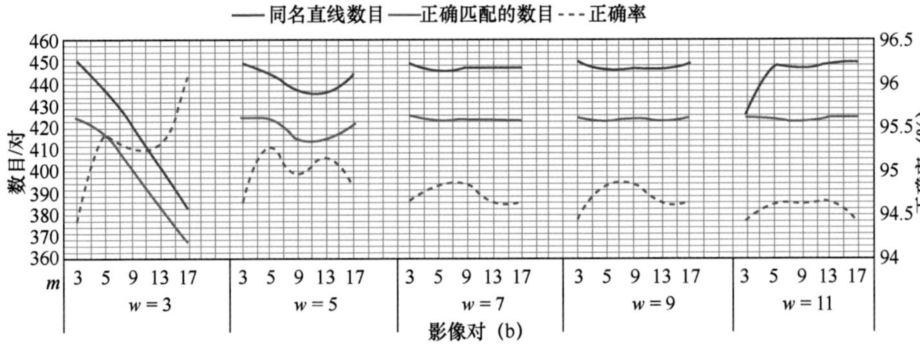

图 4-10　m、w 取不同值时影像对（b）的直线匹配结果

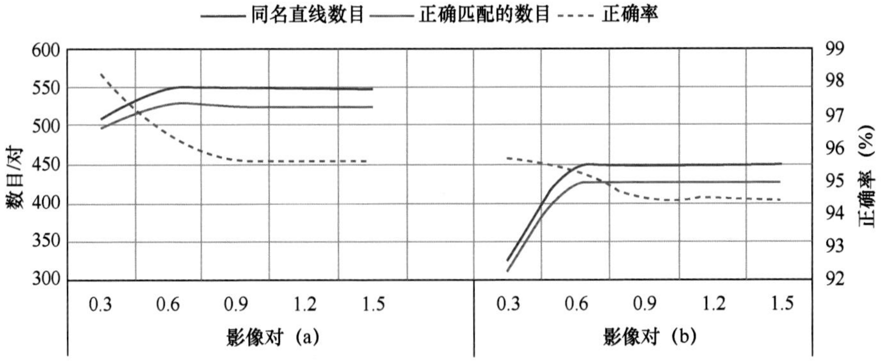

图 4-11　T_d 取不同值时两组影像对的直线匹配结果

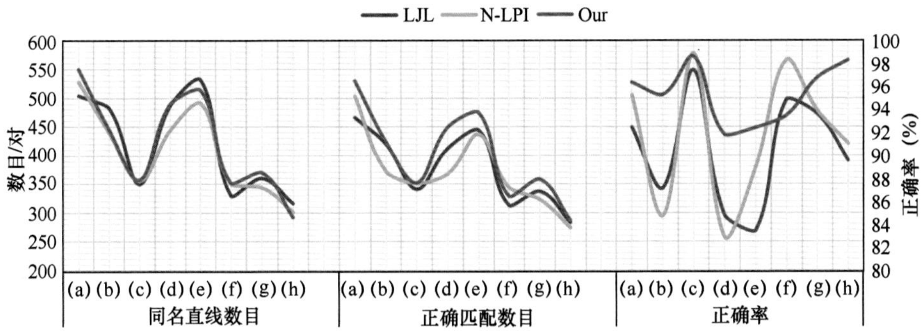

图 4-12　3 种算法对 8 组影像对的匹配结果统计

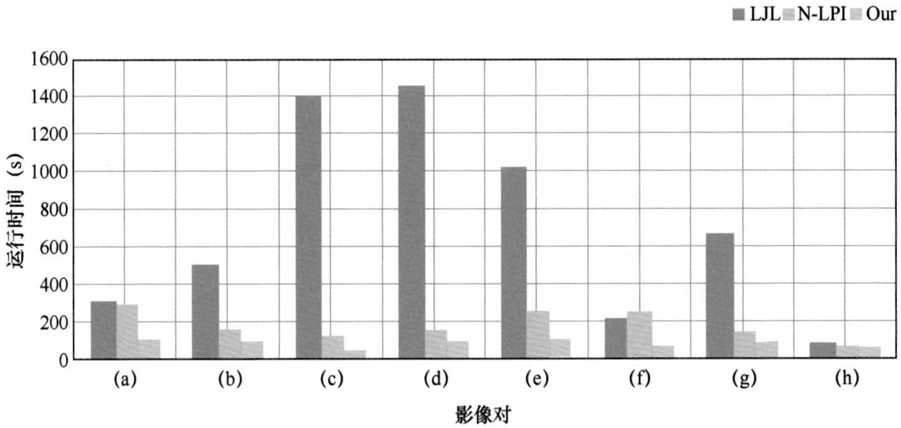

图 4-13　3 种算法对 8 组影像对匹配的运行时间

(a) 匹配数目：550 对；正确率：96.36%

(b) 匹配数目：445 对；正确率：95.28%

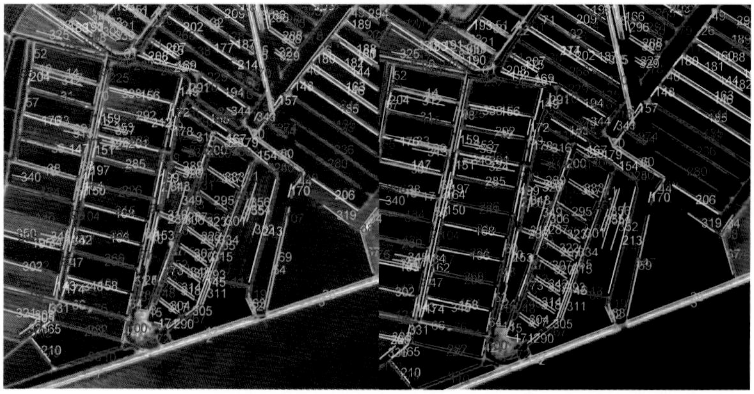

(c) 匹配数目：357 对；正确率：98.60%

图 4-14　本章算法对 8 组影像对的直线匹配结果

(d) 匹配数目：489 对；正确率：91.82%

(e) 匹配数目：514 对；正确率：92.41%

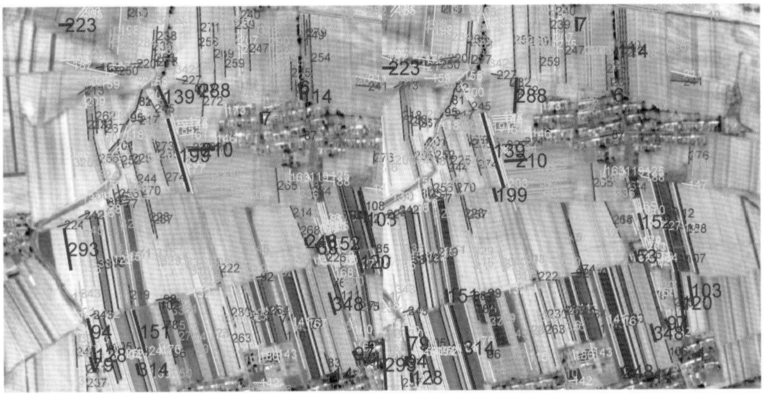

(f) 匹配数目：352 对；正确率：93.47%

图 4-14　本章算法对 8 组影像对的直线匹配结果（续）

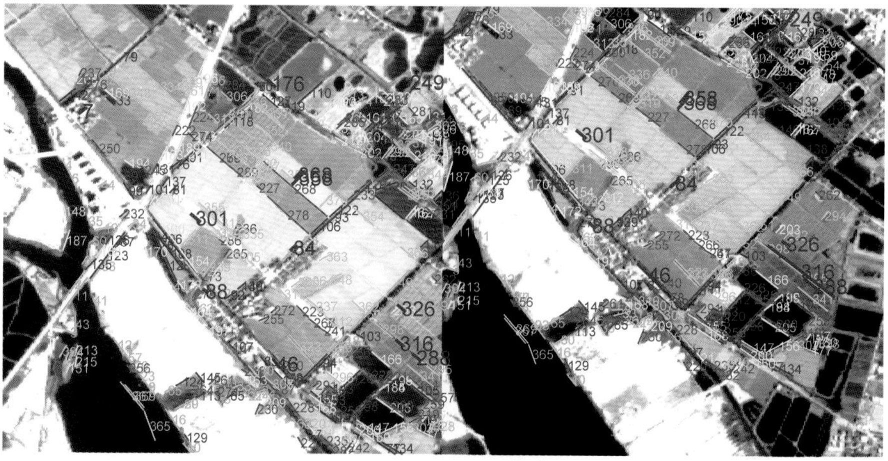

(g) 匹配数目：370 对；正确率：96.76%

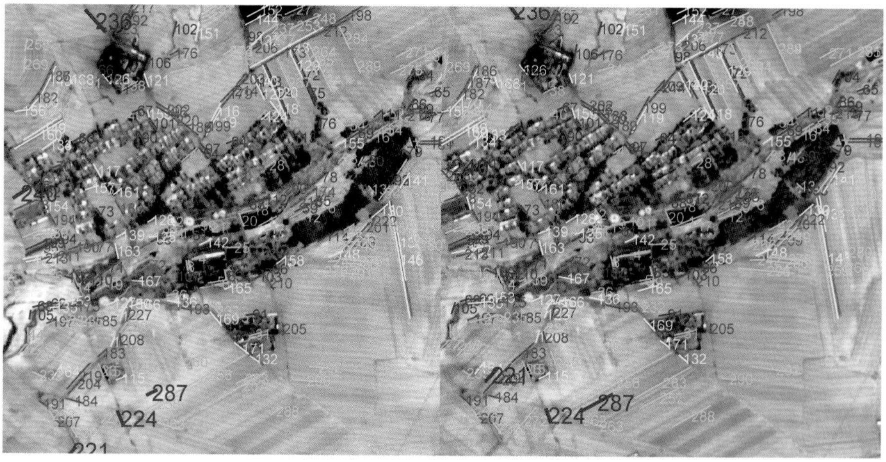

(h) 匹配数目：292 对；正确率：98.29%

图 4-14　本章算法对 8 组影像对的直线匹配结果（续）

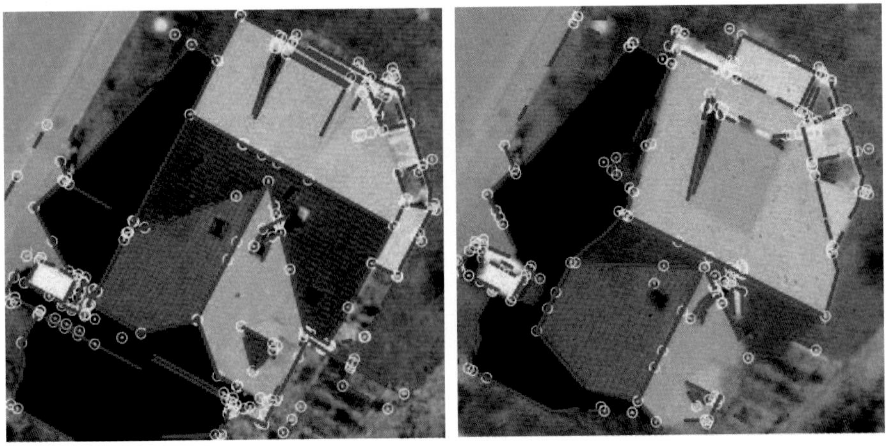

图 5-3　参考影像、搜索影像上直线对提取结果实例

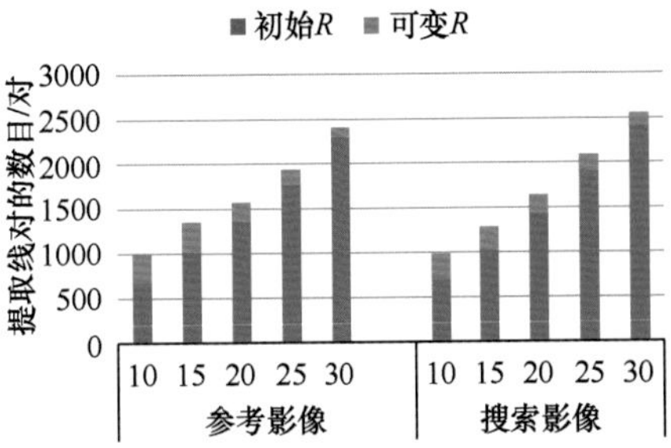

(a) 影像对 (a)

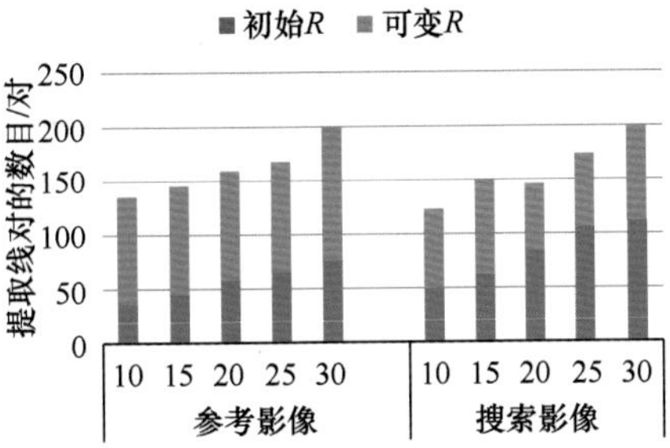

(b) 影像对 (b)

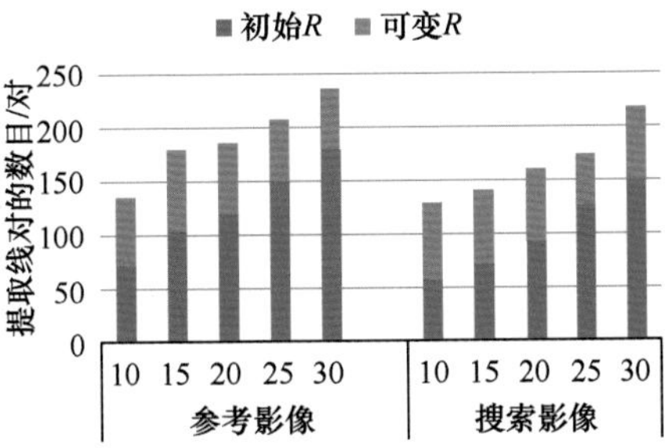

(c) 影像对 (c)

图 5-12　图 5-11（a）～（c）3 组影像对基于固定 *R* 值和可变 *R* 值提取直线对的数目

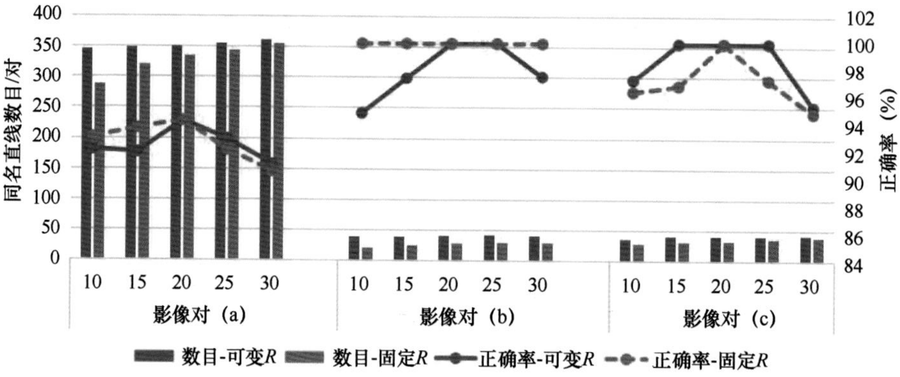

图 5-13　不同 R 值情况下 3 组影像对匹配得到的同名直线数目和匹配正确率

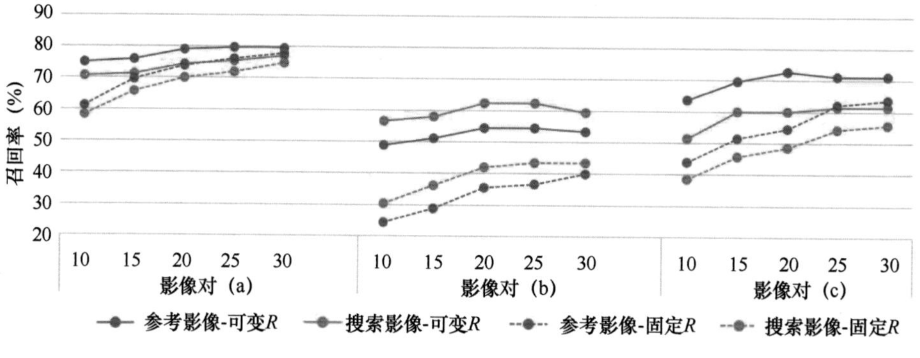

图 5-14　不同 R 值情况下 3 组影像对中参考影像、搜索影像上的直线匹配召回率

(a) 匹配数目：350；正确率：94.29%

(b) 匹配数目：41；正确率：100%

(c) 匹配数目：41；正确率：100%

(d) 匹配数目：201；正确率：93.53%

图 5-20　本章算法的直线匹配结果

(e) 匹配数目：724；正确率：97.51%

(f) 匹配数目：353；正确率：84.70%

(g) 匹配数目：290；正确率：82.07%

(h) 匹配数目：298 正确率：42.95%

图 5-20　本章算法的直线匹配结果（续）

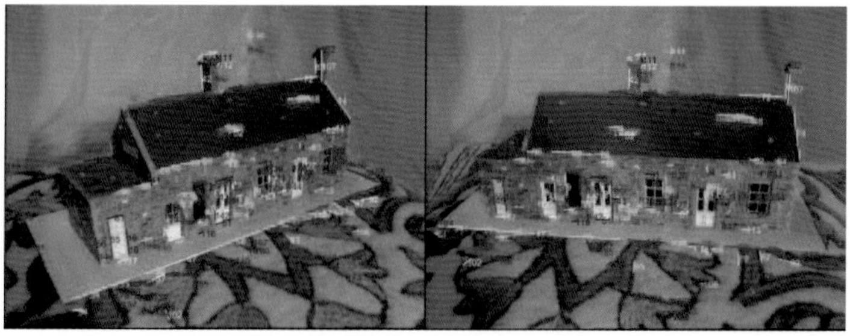

(i) 匹配数目：185；正确率：63.24%

(j) 匹配数目：247；正确率：65.18%

(k) 匹配数目：16；正确率：75%

(l) 匹配数目：58；正确率：72.41%

图 5-20　本章算法的直线匹配结果（续）

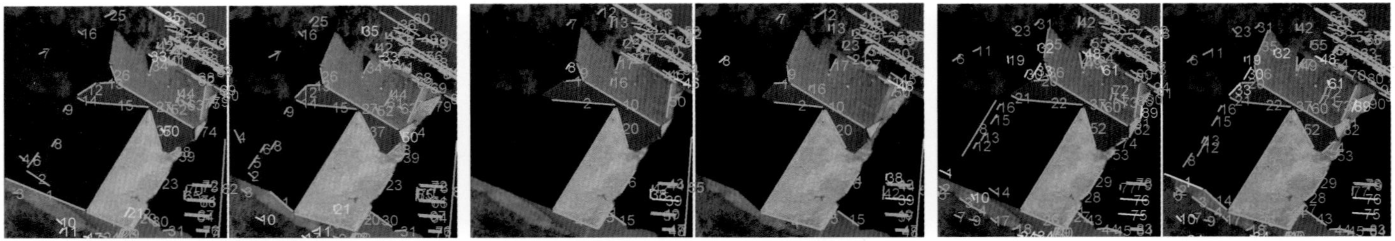

(a) Our 匹配数目：82；正确率 91.46%　　LJL 匹配数目：55；正确率 92.73%　　N-LPI 匹配数目：94；正确率 86.17%

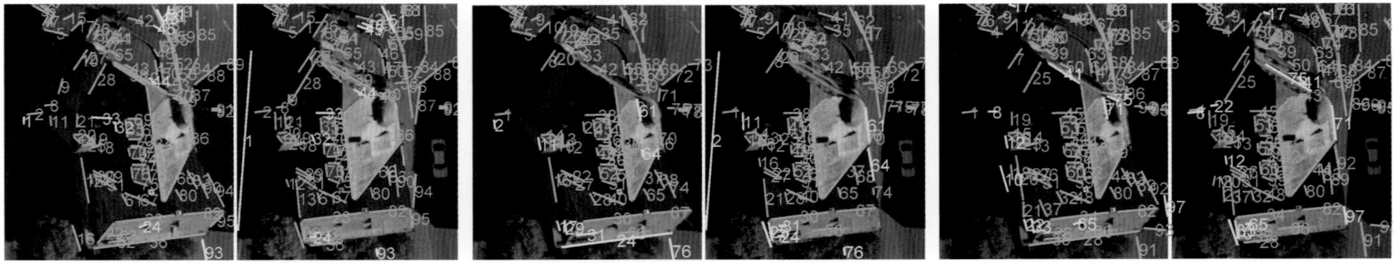

(b) Our 匹配数目：95；正确率 90.53%　　LJL 匹配数目：78；正确率 88.46%　　N-LPI 匹配数目：97；正确率 88.66%

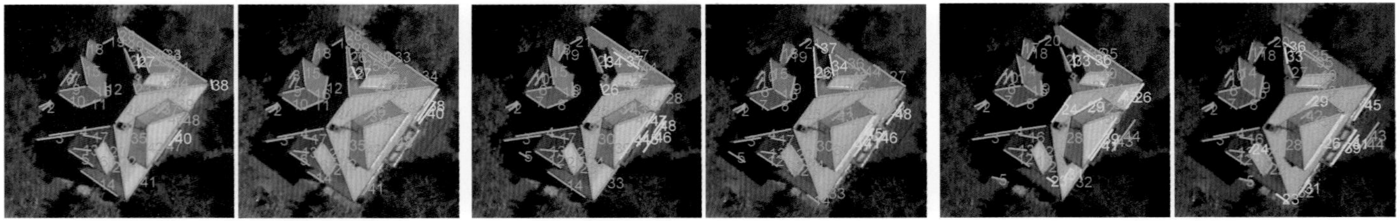

(c) Our 匹配数目：49；正确率 93.88%　　LJL 匹配数目：48；正确率 83.33%　　N-LPI 匹配数目：45；正确率 77.78%

图 5-24　本章算法、LJL 算法、N-LPI 算法直线匹配结果

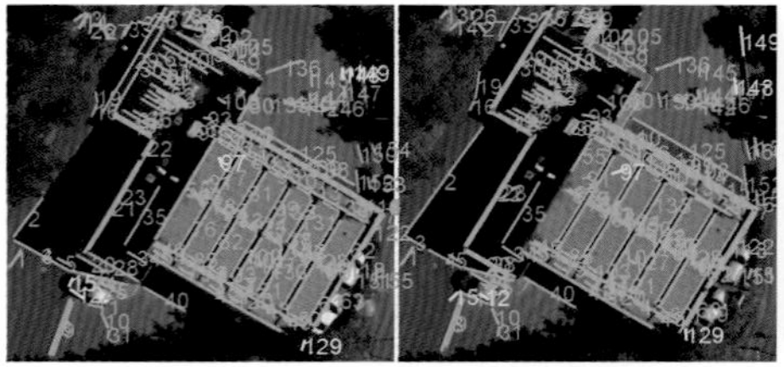

(d) Our 匹配数目：155；正确率 96.13%

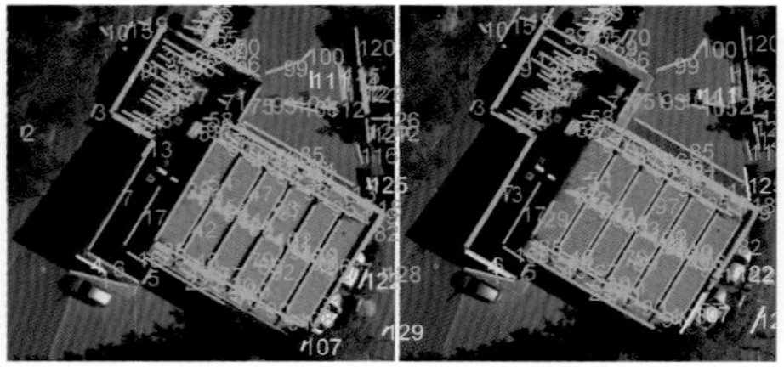

LJL 匹配数目：129；正确率 95.35%

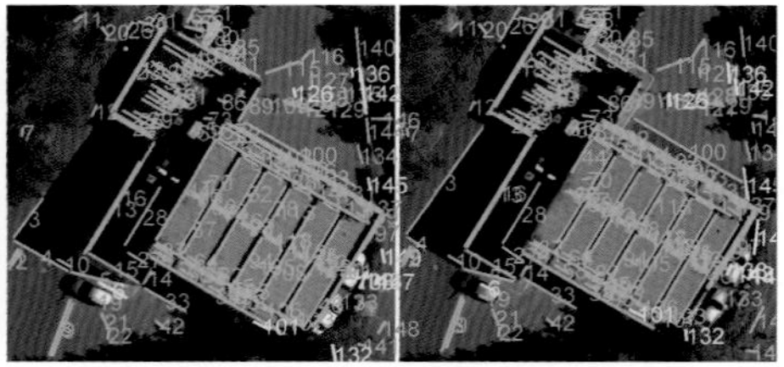

N-LPI 匹配数目：149；正确率 92.62%

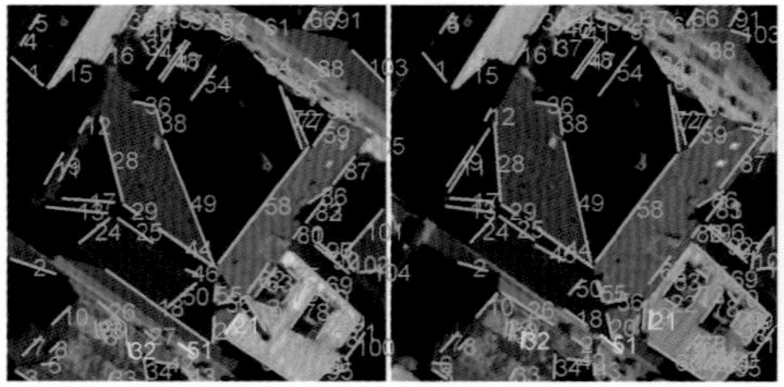

(e) Our 匹配数目：105；正确率 97.14%

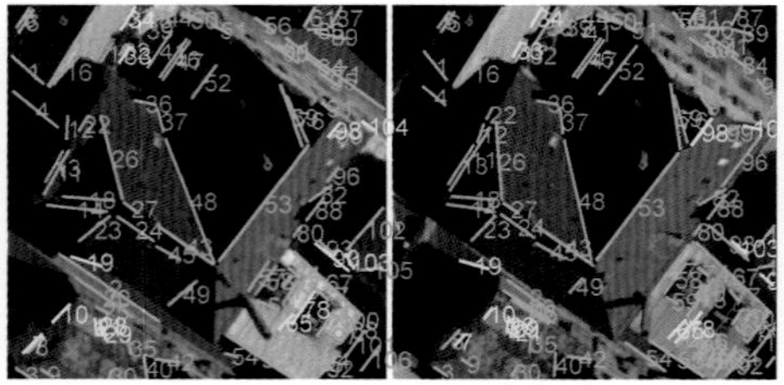

LJL 匹配数目：106；正确率 86.79%

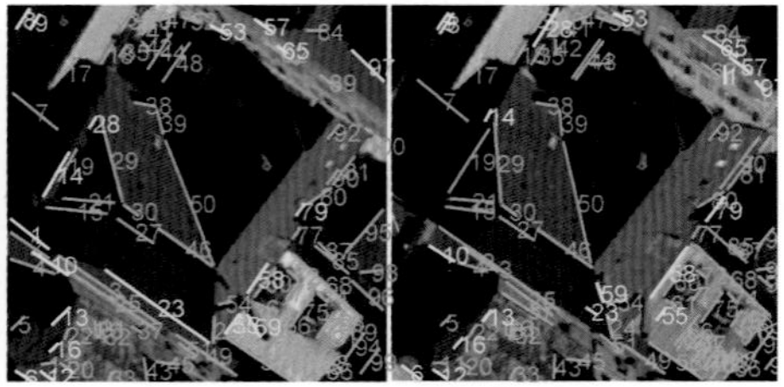

N-LPI 匹配数目：100；正确率 81.00%

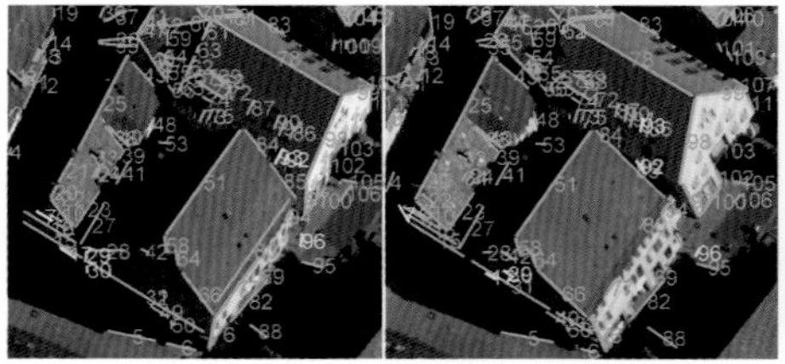

(f) Our 匹配数目：111；正确率 93.69%

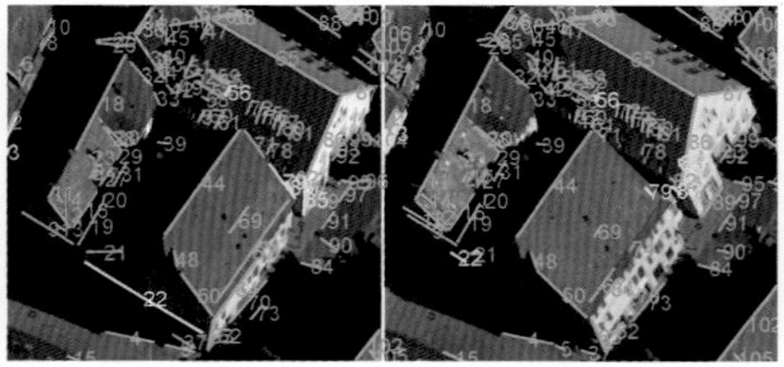

LJL 匹配数目：107；正确率 94.39%

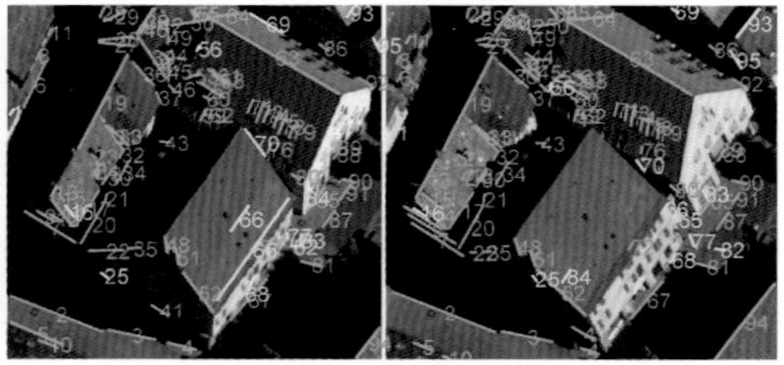

N-LPI 匹配数目：95；正确率 84.21%

图 5-24　本章算法、LJL 算法、N-LPI 算法直线匹配结果（续）

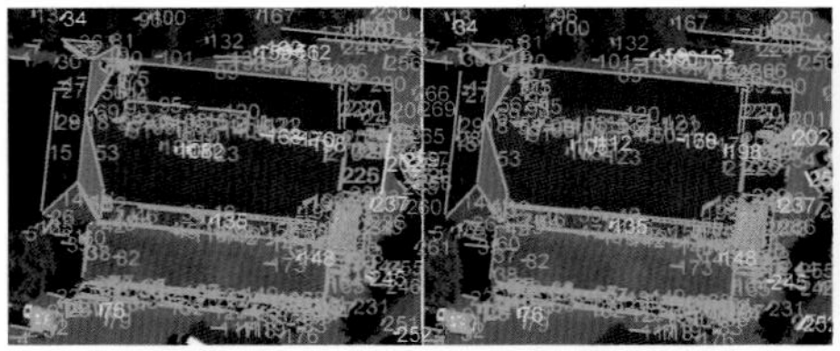

(g) Our 匹配数目：269；正确率 93.31%

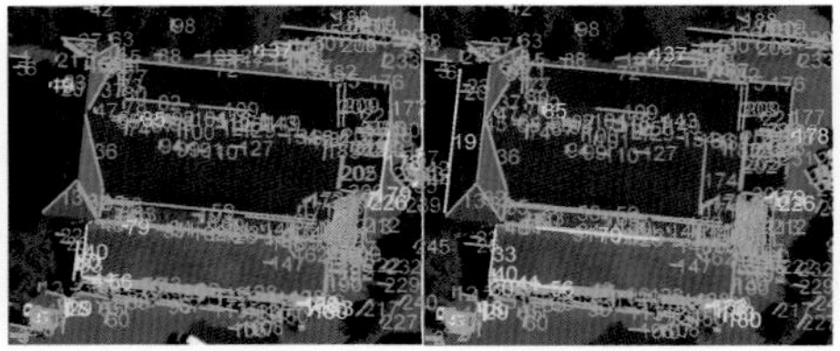

LJL 匹配数目：245；正确率 92.65%

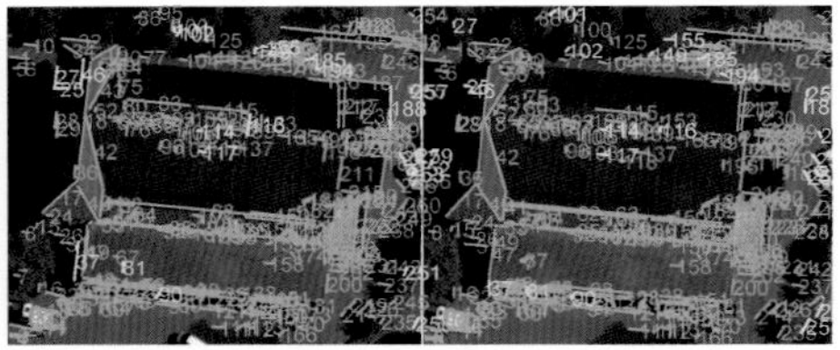

N-LPI 匹配数目：259；正确率 91.12%

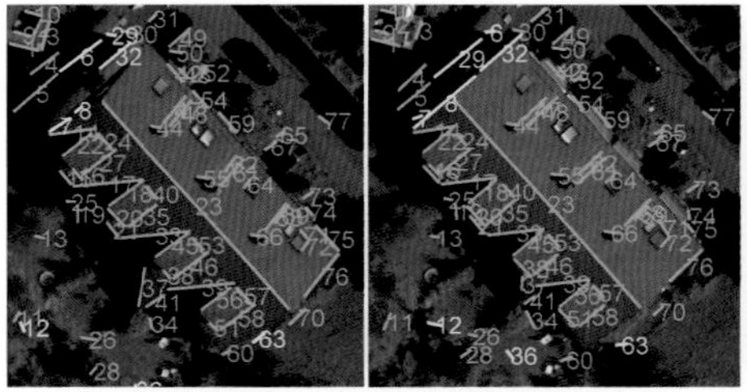

(h) Our 匹配数目：77；正确率 89.61%

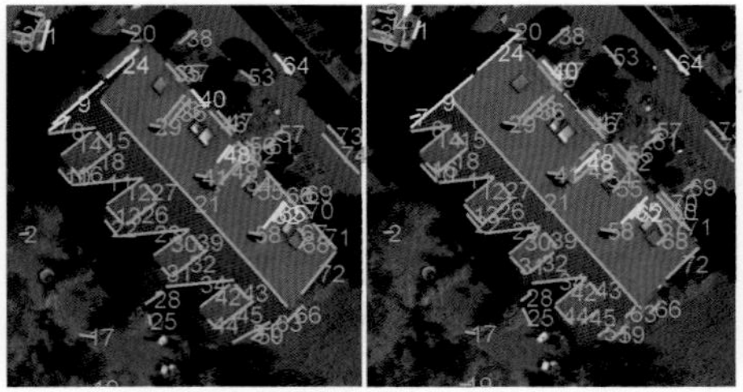

LJL 匹配数目：74；正确率 87.84%

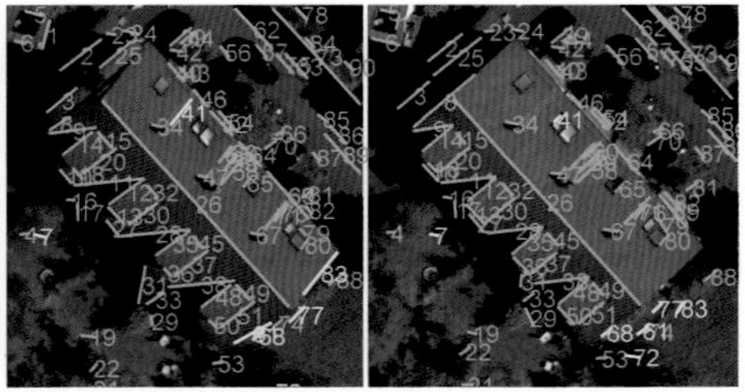

N-LPI 匹配数目：90；正确率 92.22%

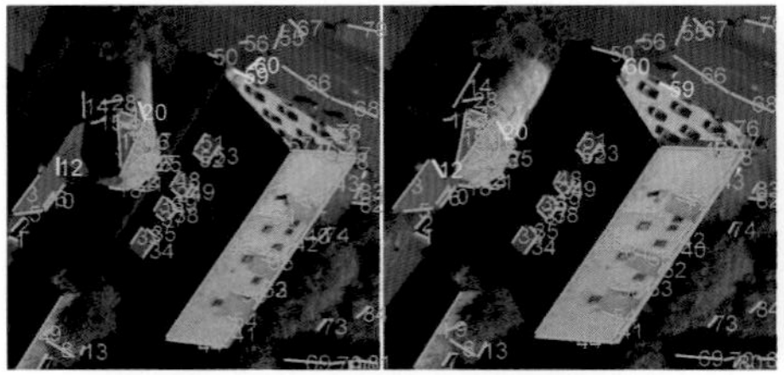

(i) Our 匹配数目：84；正确率 95.24%

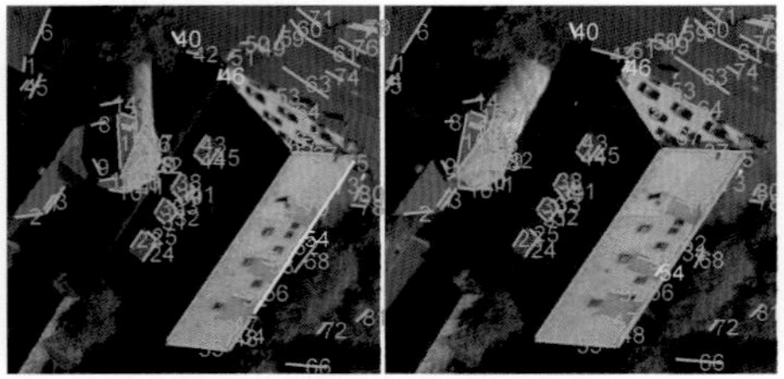

LJL 匹配数目：81；正确率 97.53%

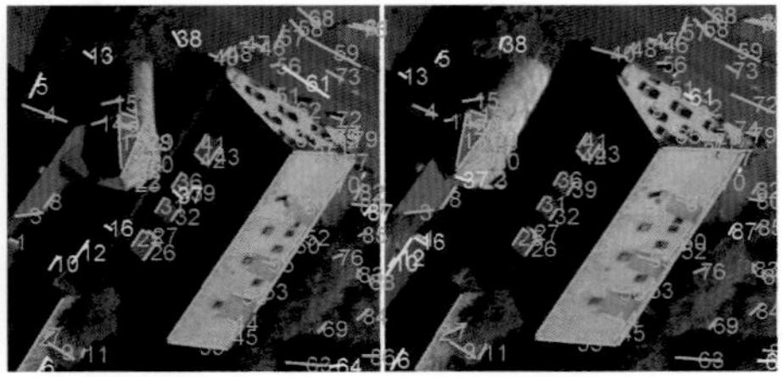

N-LPI 匹配数目：88；正确率 87.5%

图 5-24　本章算法、LJL 算法、N-LPI 算法直线匹配结果（续）

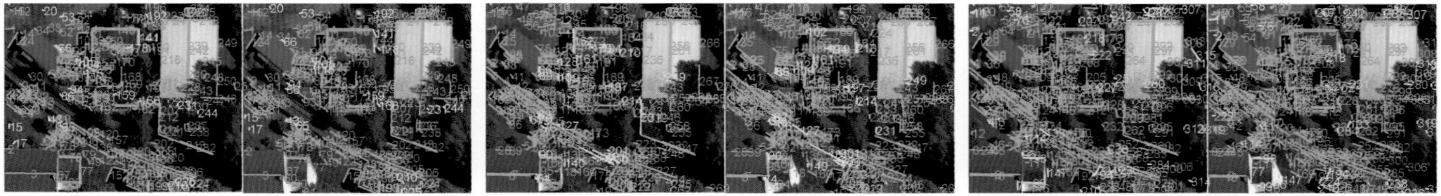

(j) Our 匹配数目：251；正确率 91.63%　　LJL 匹配数目：271；正确率 90.04%　　N-LPI 匹配数目：320；正确率 89.38%

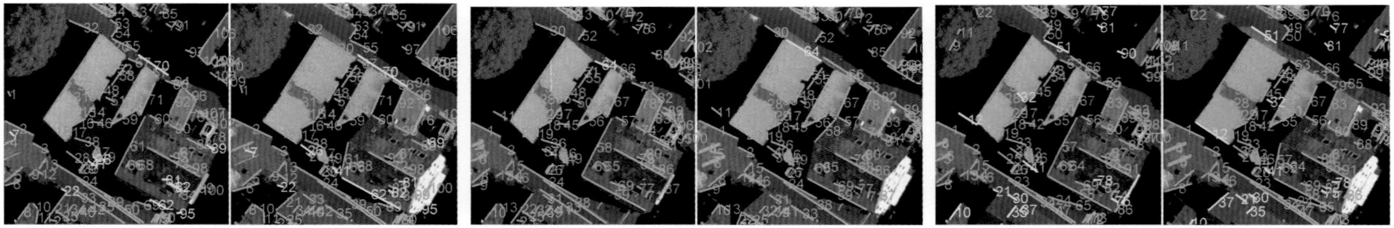

(k) Our 匹配数目：110；正确率 90.91%　　LJL 匹配数目：102；正确率 99.02%　　N-LPI 匹配数目：104；正确率 85.58%

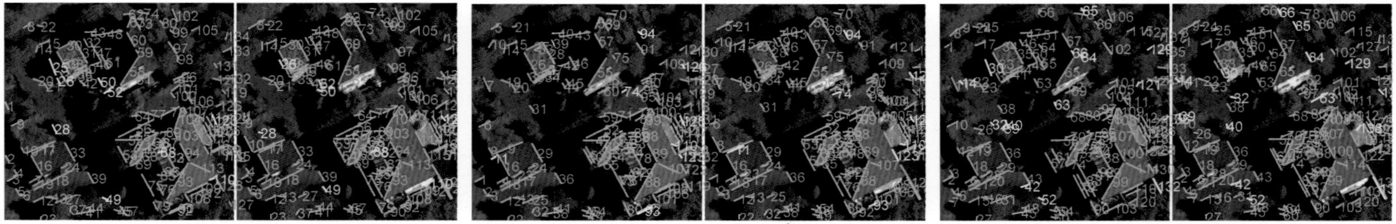

(l) Our 匹配数目：135；正确率 93.33%　　LJL 匹配数目：132；正确率 93.94%　　N-LPI 匹配数目：138；正确率 89.13%

图 5-24　本章算法、LJL 算法、N-LPI 算法直线匹配结果（续）

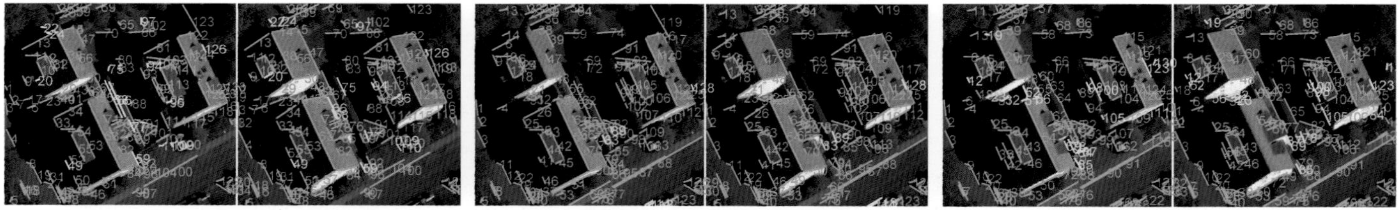

(m) Our 匹配数目：134；正确率 88.81%　　LJL 匹配数目：130；正确率 96.15%　　N-LPI 匹配数目：133；正确率 85.71%

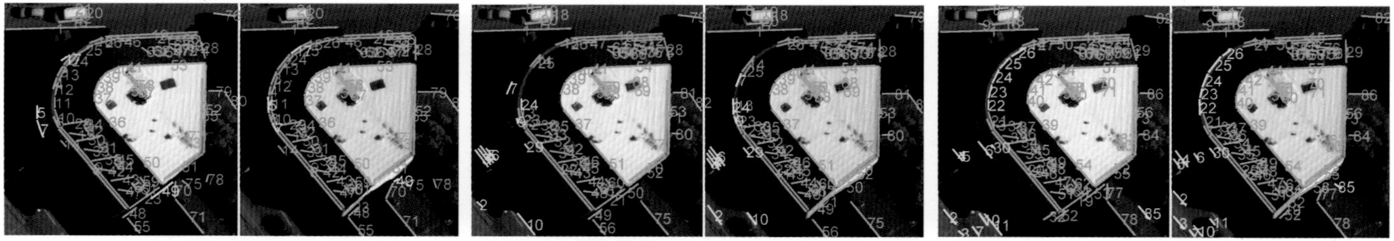

(n) Our 匹配数目：80；正确率 96.25%　　LJL 匹配数目：82；正确率 87.80%　　N-LPI 匹配数目：86；正确率 82.56%

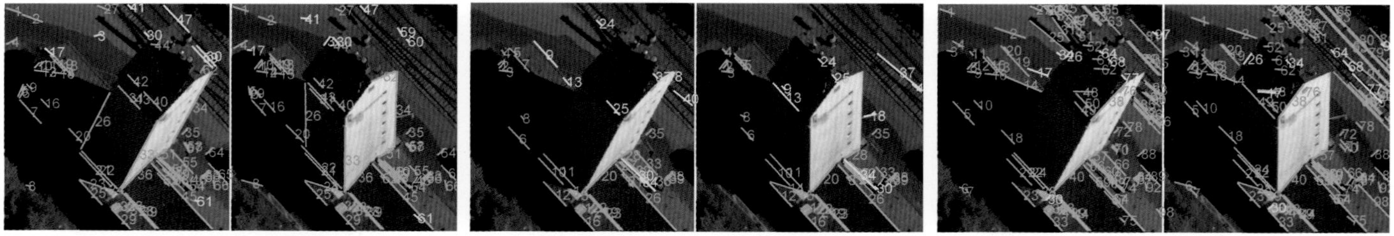

(o) Our 匹配数目：66；正确率 87.88%　　LJL 匹配数目：40；正确率 77.50%　　N-LPI 匹配数目：98；正确率 91.84%

图 5-24　本章算法、LJL 算法、N-LPI 算法直线匹配结果（续）